餐桌上的四季

韓良憶——文．攝影

獻給我的姊姊韓良露

(1958-2015)

自序——

把握季節、珍惜日常

我坐在書桌前，眼睛盯著電腦螢幕，雙手輕輕地放在鍵盤上，準備隨時敲下按鍵，要嘛訂正錯字，要不刪減、增添一兩個字，好讓文句更通順、語氣更流暢。我的視線停留在同一段落上好久了，拿不定主意要不要整段刪掉。同樣的意思，別篇文章裡提過了，再講，未免太囉嗦，然而就這麼一鍵勾消，又有點心疼。

覺得眼睛乾乾的，還有點痠，於是轉過頭往落地窗外瞧去——靜巷中多了好些走動的人影，一個個的影子被斜陽拉得好長。視線飄回螢幕右下方，哎呀，已過了五點半。也罷，反正一時半刻也下不了決心，索性移動滑鼠，讓游標往文件左上方走去，左鍵按了一下，又一下，儲存檔案，關閉視窗，隨即起身，離開書房，走進廚房。

一年四季三百六十五天，幾乎每一天的傍晚，我都會在廚房裡待上好一會兒。這是一天當中我特別珍惜的時光，它像一個分號，分開白天和夜晚、工作與休息、躁動和沉靜；又像一座橋樑，讓我不必以決絕的姿勢，從白日縱身躍入黑夜，而是慢慢地走上橋，緩步行去。

在這通常不超過一個鐘頭的時間裡，廚房裡常常只有我一個人，我有時會放一張 CD，與音符爲伴，有時什麼音樂也不聽，低著頭，在料理檯前洗洗切切，在爐上烹煮菜餚。

我專心燒菜，白天的各種紛擾煩憂、腦中各種糾結的念頭逐漸

遠去，我進入近乎放空的狀態，只關心一件事：如何料理手邊這塊肉、這條魚或這把菜，好將腥臊或青澀的生鮮食材，化為五味兼具的適口熟食。我不慌不忙，按部就班，這一步驟沒做完，我不會去想下一步，專注於眼下的活兒。由是，對於我而言，下廚這件事幾近修行，而我修練的課程是，活在當下。

在秋天剛來的這一天傍晚，我從書桌走向廚房，打開水龍頭，讓水嘩啦啦地流著，好洗去綠竹筍殼上殘存的泥土。今早在菜場旁邊的小公園，跟挑著扁擔的阿婆買來這一大袋竹筍，其中一只要用清爽的「出汁」（和風昆布柴魚高湯）煮成今晚的湯品，另外三只我打算連殼煮熟，如此明天就有涼筍可食。秋意漸濃，再過不久綠竹筍就要下市，我得把握這最後的「食」光，好好品嚐這清甜的好滋味。

這些年來，越來越注意食物和季節的關係，不論上傳統菜場或到標榜有機的店家買菜，都盡量購買當令農產。當令盛產的蔬果和漁獲品質好，價格也較合理，我何苦當冤大頭，去買那些因量少稀罕故而高價的貨色？何況，違反季節生長的農產品，如果是採慣行農法種植、生產的，我懷疑可能下了較多的農藥、化肥、除草劑和荷爾蒙等等有害人體和土地的物質，一來不環保，二來我也不想把太多那些化學玩意吃進肚子裡。

於是，春天我用韭菜花炒蒼蠅頭，為思念家鄉味的丈夫煮白蘆筍佐洋火腿；偶爾興致來了，多花點工夫做一鍋普羅旺斯燉菜，將春天的顏色燴於一鍋。

炎夏三伏天，我把涼麵、下飯的糯米椒炒臭豆腐或豆干端上餐桌，當然也少不了多吃點苦瓜、冬瓜、胡瓜……夏日食瓜，清爽可口又養生。

苦夏總算過去，短暫卻美好的秋天終於來了。微涼的週末午後，我用價廉物美的九層塔做我的台式義大利青醬，還燉了銀耳湯；燉到軟爛的銀耳可解秋燥，還有潤肺止咳之效，是秋補聖品。

冬天了，家中冷氣機早已進入休眠狀態，濕涼的日子裡換除濕機嗡嗡響著，偶爾有幾天，天氣甚至會冷到家裡得開暖氣，吃各式砂鍋、火鍋和做義大利燉飯的時候到了。也只有在寒冷的冬日，我才有辦法手持著木杓，守在爐火前半個小時，須臾不離，不時攪拌鍋中物，一切只爲那一鍋美味。

儘管我曾因愛吃義大利菜，千里迢迢跑去托斯卡納上過烹飪課，但我終究並非廚藝科班出身，充其量是稱職的「煮」婦，因此端上桌和呈現在這本書中的，不論是西菜或中菜，都稱不上「精緻佳餚」、「高級料理」，而是相信能讓人吃得津津有味的家常菜——話說回來，那些得大費周章的華麗菜色，我寧可上可靠的餐館讓高明的專業團隊做給我吃，我呢，只想好好地做我的家常飯菜，好好地過自己的日常生活。

世事，瞬息萬變；時光，強留不得。伏案書寫也好，埋首烹飪也罷，我既然活著，就要好好地活著。唯願唇邊能時常帶著淡淡的微笑，直面無常的人生，更盼你我都能把握季節，珍惜日常。

目錄

楔子

Part. 1 春餚

夏飧

目錄

Part. 3

秋饌

冬膳

楔子

我愛廚房

結束臨時起意的四天三夜小旅行，重返台北家中，生活也回到常軌。夫妻倆在自家大床上一夜好眠，一早起來，一起吃個早餐，就各自再端了杯咖啡，走進自己的書房，開電腦。

這下子，紙包不住火了。

約柏一上網收電子郵件，就看到荷蘭朋友紛紛來訊關切甚囂塵上的黑心豬油事件，原來這事已上了荷蘭媒體。

身為台灣人的我，頓時感到丟透了臉，枉費我這幾天來處心積慮，就想隱瞞這樁實在不光榮的食安醜聞。

咱家另一口子開始疑心疑鬼，說我們在台南和高雄那幾天，搞不好已吃到了噁心豬油。

「不會啦，我們一樣油炸的食物也沒吃，有時吃的更是無油烹飪食物，好比小卷米粉，放心吧。」我如是有云，約柏這才稍稍釋懷。

什麼叫自欺欺人呢？我對這位荷蘭老兄講的話就是。

然而，我不自欺欺人，簡直走不出家門覓食去。

從前，我倆若想吃些自家做不來或做不好的小吃點心，就專程上已光顧多年的老字號解饞，如果人在外地，沒有什麼熟悉的店家，便挑看起來比較講衛生的小吃店，觀察一下人家幹活的手腳乾不乾淨，碗盤是不是只用兩桶水來清洗，我可不想為了口腹之慾，而壞了腸胃，甚至感染肝炎。

然而，事情如今沒那麼簡單了。要求衛生已是一般常識，那種一條抹布既拭碗又擦桌，從開店到打烊只用兩桶水把碗盤越洗越髒的情形，越來越少見，食品濫加人工化合添加物的現象卻日漸猖獗。更惡劣的是，有些不肖廠商用的還不是合法的「食品級」添加物，而是黑心的「工業級」化工物。相形之下，拿本來只能餵豬的飼料基改黃豆做豆腐，簡直就像「小 case」、小事一樁了。

如果不想被當成吃飼料的豬，或淪爲實驗室的動物，在非自願狀況下攝取阿嬤看不懂的人工化合物，最容易做到的好辦法，或許就是自己下廚，從採買食材開始，簡單但好好地做一頓飯。

現代都會，大夥生活忙碌，平日沒時間，那就週末來做。上菜場或可靠的商家採買新鮮的食材，分門別類整理好，分裝成一餐的分量，可冷凍的冷凍，宜冷藏的冷藏，有些蔬果如蒜頭、洋蔥、馬鈴薯和番茄，不適合冷藏太久，最好放在陽光曬不到的通風處。

週末也是慢慢煮菜的好日子。何不熬一鍋高湯，如此一來，家裡不必添購味精、雞粉和柴魚素那些莫名其妙的東西，就能常有鮮美的好湯可喝。順便也燉上兩鍋不同的主菜（紅燒肉、燉雞之類），分裝冷凍起來。接下來幾天，白天上班前把燉菜和高湯拿出，置冷藏解凍，下班後，湯中加點冬瓜片、蘿蔔絲或青菜豆腐什麼的，撒點芹菜珠、薑絲或蔥花，就有清爽的熱湯好喝。至於燉肉，要另外加料，還是直接加熱，隨你。

愛吃魚的，要嘛到可靠的商家買安全無毒、友善環境的冷凍魚鮮，要不趁週末到傳統菜場買上兩三條現流的鮮魚，一條當天趁鮮烹

煮，大快朵頤。其他的也分裝至密封袋，盡量擠出袋中空氣，冷凍。早上出門前移至冷藏櫃解凍，或臨烹調前整袋置流動的自來水中快速解凍。可乾煎，可紅燒，可添味噌煮，或加點破布子放在電鍋裡蒸。

另外炒個青菜，弄個拍黃瓜或涼拌蔥花柴魚豆腐，再不炒個蔥花蛋、菜脯蛋或其他什麼蛋，不就有三菜一湯了。要是家裡人口簡單，好比我和約柏，平日就兩人用餐，那麼一頓飯有兩個合胃口的菜加一兩碗白飯，也可吃得滿足。

我並不把下廚燒菜當成是非做不可的「家事」，而視之爲某種「創作」，只是採用的並非墨水、顏料或石頭、金屬等等媒材，而是各種可食的動植物和調味料。

一週七天當中總有五、六天的傍晚，當一天工作或家務告一段落時，我給自己倒一杯葡萄酒或啤酒，按下音響開關，隨即一邊喝著酒、聽著喜歡的音樂，一邊收拾晚餐要用的食材，開始做飯。

在烹飪的過程中，感覺到自己繃緊的神經，慢慢地鬆開了，腦子裡面不安跳動的各種念頭，也漸漸各就各位，我的思緒不再一團混亂，千頭萬緒終究只歸眼下那一件重要的事：下一步該怎麼做，手中正在烹調的食物才會好吃。

這也是，活在當下。

忙碌煮婦救星

偶爾有忙得不可開交的時候，好比月底了，所有工作的「死線」（deadline，截止日是也）將至，我一天不但得翻譯三四千字，還必須寫兩三個期刊的專欄。而就在這節骨眼上，哎呀，早就約好的牙醫看診日也到了，這一去醫院候診，起碼兩小時幹不了活。

生活的主題，於是就只有一個「忙」字。

到了這當兒，再怎麼熱愛烹飪的煮夫煮婦，怕也是有心無力吧。

搬救星的時候到了。

我從冰箱中掏出之前刻意多做了一些冷凍起來的菜餚或醬汁，解凍後加工，製成晚餐的主菜。

我家的冷凍庫中常備有一種高湯或一兩道只要簡單加熱或加工便美味的菜色，好比自製獅子頭（豬肉丸）、中式紅燒肉、紅燒牛肉、鮭魚肉醬、台式肉燥、義式番茄醬汁和義大利肉醬。

小砂鍋中鋪大白菜葉，加進獅子頭，隨手撒幾根蔥段和薑片，上面再鋪白菜，淋高湯，酌添醬油，做成江浙口味的紅燒獅子頭，不加醬油，清燉也行。冬季時分，索性用獅子頭爲主料煮個大鍋菜：在大砂鍋中加進獅子頭、白菜、豆腐、各種蕈菇和高湯，就是什錦砂鍋。想讓它更豐盛一點，或實在嘴饞，很想吃丸餃類的加工食品（比如主婦聯盟消費合作社委託產製的火鍋料），也未嘗不可，適量就好。

紅燒肉或紅燒牛肉做法差不多，都是先將豬肉塊（我偏好梅花

肉，亦即肩胛肉）或牛肉（我喜歡板腱）用油煎炒上色後，加蔥薑之類的辛香料，添醬油、料酒等調味料，燉煮至肉爛。我往往一次燉足供吃上兩三頓的分量，頭一頓吃原樣原味，第二頓或加油豆腐，或添蘿蔔、竹筍、南瓜、番茄什麼的，才不會有吃剩菜的感覺。

偶爾到設有水產專櫃、販售日式生魚片的超市採買食材，我會留心有沒有切生魚片剩餘的邊邊角角平價鮭魚肉，倘若還有，就買上兩三盒，回家做鮭魚肉醬。此醬直接淋在白飯上，便成鮭魚肉燥飯，我只消另外炒個青菜，煎個蔥花蛋或韭黃炒蛋，隨手煮一小鍋番茄豆腐湯，輕鬆就做好一頓家常晚飯。

要不，拿鮭魚肉醬燴豆腐吧。將兩者同置小砂鍋中，加點開水一起煮，待豆腐入味，淋一點清酒或米酒添香，起鍋前撒一把蔥花增色，嗜辣者可加點唐七味辣椒粉，帶點和風的鮭魚豆腐煲就大功告成了。不加豆腐，改用台式川菜「老皮嫩肉」的原料蛋豆腐來燴，味亦美。

台式肉燥呢，變化更多，直接澆在熱呼呼的米飯上，不就是台灣小吃滷肉飯？加上豆腐丁或茄子一起煮，可稱之爲肉末豆腐或茄子；加進辣豆瓣醬和辣油，起鍋前撒花椒粉，頓時變身爲麻婆豆腐或茄子。

番茄當令時，我會一口氣買上幾公斤，燉一鍋基本款的義式番茄醬（紅醬），日後用來烹煮各種以紅醬爲底的義大利麵，好比番茄海鮮麵、番茄雞肉麵或番茄蛤蜊麵。

紅醬加上炒香的洋蔥末和茄丁，添點辣椒和黑橄欖，拌上彈牙的義麵，撒上羅勒絲或歐芹末，這一盤辣味雙茄麵沒有魚亦無肉，味道卻濃厚，而且洋氣十足。倘若家人偏偏是無肉不歡的「肉食動物」，沒關係，加點培根、西班牙辣香腸、雞肉、油封鮪魚（食譜參見第四十四頁）或罐頭鮪魚下去一起炒，不就「葷」了。

這款紅醬也可以拿來做中國菜，做番茄炒蛋或番茄蝦仁時，加上一兩匙，炒出的菜餚味道更濃郁鮮美。燉牛肉時亦不妨加一點，如此一來，不但牛肉更易煮爛，熟番茄的天然「旨味」（umami，又稱鮮味），更可令做好的燉肉不加味精就很「鮮」。

番茄醬汁亦可當湯底，加點水或蔬菜高湯，把洋蔥、包心菜和胡蘿蔔切絲，扔進鍋中，任意添點青豆、馬鈴薯、青花菜、白花椰菜、櫛瓜、甜椒等比較耐煮的蔬菜。講究一點，加進切碎的培根，煮開了再燉一會兒，淋點橄欖油，便是香濃的義式蔬菜濃湯。

我不分寒暑，每隔一陣子就要燉上一大鍋的義式肉醬，更是忙碌煮婦的恩物，簡直萬能。拌義大利直圓麵或寬蛋麵吃，乃最基本的食法，同一肉醬加貝夏美奶醬和寬麵皮，一層層疊起來，進烤箱一焗，就成了義大利館裡的千層麵 lasagna。

同樣的肉醬可以變身爲不同文化風味的食物，好比加上甜椒、紅腰豆和巧克力，味道頗似美墨風味的辣豆肉醬（chili con carne）；添加茄子，就成了希臘式千層焗茄（moussaka）。把肉醬混合燙過的胡蘿蔔丁，盛進烤皿，上鋪馬鈴薯泥，塞進烤箱烤到表面金黃，這一道英式農舍派（cottage pie）幾可仿眞。

多虧了這些救星，煮婦忙歸忙，也不會虧待自己和家人的腸胃。

食譜 不油炸的獅子頭

材料

（A）豬絞肉約 600 公克、捏碎的非基改板豆腐半塊、荸薺 4-5 顆、捏碎的白飯粒或隔夜麵包（或饅頭）屑 1-2 瓷湯匙、蛋一顆
（B）米酒或紹興酒、鹽、白胡椒、醬油、麻油、蔥薑水
（C）太白粉水（即 1:1 比例的太白粉加水）、煎肉丸的油

做法

1 請肉販將絞肉多絞一次，如買現成包裝的，回家以後可大略再剁一下。荸薺切碎。
2 絞肉、碎豆腐、荸薺碎、碎飯粒或麵包屑同置大碗公或鍋中，打進一顆蛋，攪勻，加進（B）中的調味料，用手拌勻後，順著同一方向不斷攪拌，不時甩打，待肉末變得有黏性。
3 鍋燒熱，加進比一般炒菜時用量稍多一點的油，晃一晃鍋子，讓鍋底更大面積的地方都沾到油。雙手洗淨，掌心蘸太白粉水，舀起肉末，用手捏塑，整成圓形，輕輕放入鍋中煎，待一面煎成焦黃了才翻面。請不要一口氣把所有的肉丸都煎掉，一鍋煎三四個，至少分兩次煎完。
4 煎好的肉丸置紙巾上吸油，放涼後一個個排好，兩三個一組，分裝收進密封袋中，冷凍備用。

註 此法煎出的肉丸並不是球形，但也不是像漢堡排那樣的肉餅，而介乎兩者之間。

小提醒。
蔥薑水的做法：一根蔥用刀背拍打後切段，用大約一咖啡杯的清水浸泡，用手捏出蔥的汁液；薑磨碎取汁，倒入蔥水中，即為蔥薑水。
嫌做蔥薑水太麻煩，直接加切得很碎的蔥和薑泥亦可，只是獅子頭的口感就沒有那麼細緻。

食譜　鮭魚肉燥

材料

鮭魚肉、洋蔥末、薑末、蒜末、米酒或清酒、醬油、味醂、砂糖或冰糖（可省）、清水

做法

1 鮭魚肉切小丁，鍋燒熱，加一點油，魚肉下鍋，大火炒至出油且變色後，加進洋蔥和薑蒜末，炒香。
2 依序加進酒、醬油、味醂、糖和清水，大火煮開後轉小火燉 30-40 分鐘。如果不喜歡太甜，就別加糖。

> **同場加映：**
> 倘若買不到平價的零碎鮭魚肉，卻看到有去骨剔刺、分切成小片的燒烤用鮭魚腓力，那就來做照燒風味鮭魚蓋飯，這道蓋飯不中不日不洋，但我每隔一陣子就會做一次，一來我愛醬油味，二來，這個真的太簡單了。

照燒風味鮭魚蓋飯

材料

（A）鮭魚片、醬油、味醂、清酒或米酒、砂糖（可省）、薑片
（B）蔥段或洋蔥絲

做法

1 混合（A）所有材料，醃魚至少 30 分鐘，醃魚汁需蓋過魚面。
2 撈出魚片，醃魚汁備用。
3 鍋中加一點油，將蔥段或洋蔥絲炒香，推到鍋邊，用同一鍋子煎魚，一面煎至焦黃後，輕輕翻面，再煎一會兒，連同蔥段或洋蔥絲盛起，鋪在白飯上。
4 醃魚汁下鍋煮滾略收乾，淋在蓋飯上，包你整碗飯扒光光。

註　除了蔥段外，也可以同鍋煎幾塊板豆腐或縱切成長片的杏鮑菇做配菜。

食譜 基本款番茄醬汁

材料

牛番茄、蒜瓣、橄欖油、月桂葉、鹽和胡椒

做法

1 用利刀在番茄蒂頭部分輕輕劃十字紋，用熱水燙約 20 秒，撈出，立刻沖冷水後，撕去皮薄膜，去籽切塊。
2 番茄塊置鍋中，加蒜瓣、橄欖油（1 公斤番茄配 3 瓣蒜、2-3 大匙油）和月桂葉，煮滾後改小火，燉 30 分鐘，偶爾攪拌一下，加鹽和胡椒調味，取出月桂葉丟棄。
3 等燉番茄不那麼燙手了，用果汁機打碎，分成數份冷藏或冷凍。

義大利番茄肉醬

材料

牛絞肉和豬絞肉（各一半，合起 600-700 公克左右）、中等大小洋蔥 1 顆、胡蘿蔔約 250 公克、西芹 1 片、蒜頭 2 瓣、橄欖油、不甜的紅酒約 150 毫升、番茄罐頭（或自製番茄醬汁）1 罐、濃縮番茄糊、月桂葉 2 片、鹽和黑胡椒、新鮮或乾燥奧勒岡香草（可省）

做法

1 洋蔥、胡蘿蔔、西芹和蒜頭切小丁，或用食物處理機磨碎。將罐頭番茄攪碎。
2 燉鍋（我習慣用鑄鐵鍋）燒熱，加橄欖油，轉中小火，倒進切碎的辛香蔬菜，炒至洋蔥透明，蔬菜散發香味。
3 下絞肉，轉大火，炒至肉散且變白，加紅酒煮至酒揮發一半。
4 加進番茄、番茄糊、月桂葉，小火燉煮 1.5-2 小時，加鹽和黑胡椒調味，加進切碎的新鮮或乾燥奧勒岡香草，不加亦可，再煮一會兒即可。撈除月桂葉，放涼後分成數份冷藏或冷凍。

番茄辣味雞肉麵

材料

義大利筆管麵、雞腿肉或雞胸肉、橄欖油、新鮮或乾燥百里香（可省）、自製番茄醬汁或切碎的罐頭番茄、洋蔥末、乾辣椒屑或生辣椒末、不甜的白葡萄酒（可省）、鹽和黑胡椒、裝飾用的歐芹或羅勒、現磨的義大利乾酪

做法

1 雞腿肉切丁（若用雞胸肉則順紋切片），加進一點點橄欖油、百里香、鹽和黑胡椒，攪和均勻。
2 燒開一大鍋水，下義大利麵，加鹽，按照包裝盒上的說明時間煮至彈牙。
3 趁煮麵時燒熱另一口鍋子，加橄欖油，轉小火下洋蔥末，炒軟後加辣椒，炒至香氣傳出，改中大火，加雞肉，將肉炒略焦黃，用一點白葡萄酒嗆鍋（不加亦可）。
4 加進番茄醬汁，煮滾後讓汁稍收乾一點，加進煮好的麵、少許橄欖油，拌勻即可盛盤，撒上歐芹或羅勒，連同義大利乾酪一同上桌。

用番茄肉醬做英式農舍派

延伸做法：

這道雞肉麵可以加上其他佐料，好比甜椒、橄欖或酸豆，形成更多的變化。

同樣的做法，不用雞肉和洋蔥，改加一點鹹鯷魚和蒜末，外加黑橄欖和酸豆，拌上最常見的 spaghetti 麵條，就是南義風味的「煙花女義大利麵」（spaghetti alla puttanesca）。

亦可改用海鮮水產來燴紅醬，比如蝦仁、蛤蜊、鯛魚、花枝或中卷等，就成了番茄海鮮麵，甚至可以利用鮪魚罐頭，做成番茄鮪魚麵。

你瞧，基本款的番茄醬汁，有多麼好用，真是忙碌煮婦的救星。

食譜 從義大利到墨西哥的辣豆肉醬

材料

現成的義大利番茄肉醬、洋蔥丁、辣椒粉、孜然粉、肉桂粉、甜椒丁、紅腰豆 1 罐、黑巧克力 1 小塊、鹽

做法

1 用一點油，中火炒香洋蔥丁、辣椒粉、孜然粉和肉桂粉後，加甜椒丁炒軟。

2 已解凍的肉醬下鍋，煮 10 分鐘。

3 加紅腰豆和一小塊黑巧克力，轉小火，再煮十幾分鐘，嚐嚐味道，酌量加鹽，盛起佐白飯和生菜沙拉吃。

Part. 1

春餔

蒸了一條魚

冬末春初，輕寒料峭的夜晚，蒸了條午仔魚。

聽到一句俗語：「一午二鯢三嘉鱲」，按照美味的程度，給大眾愛吃的各種鮮魚分了等、排了名。也有人不同意，認爲應該是「一午二鯧三白腹」或「一午二紅衫三白鯧」才對。然而不管是哪種說法，不論第二、三名是哪種魚，銀白修長、魚鱗細密的午仔魚，都穩居第一。

怪的是，我從小愛吃魚，兒時卻不認識這海魚，不但沒吃過，連聽也沒聽過。江蘇來的爸爸逢年過節，獨尊眼下有錢恐怕也買不到的野生大黃魚，平時亦常吃鯽魚、草魚、鰱魚頭或鯢魚。娘家在台南的阿嬤呢，日常午、晚餐不是煎虱目魚、旗魚或嘉鱲，就是赤鯮加薑絲煮魚湯。

十幾二十年前吧，到長安東路的「茂園」吃家常台菜，看到這陌生的海魚，聽老闆娘介紹，才頭一回嚐到台灣的「魚狀元」。其滋味鮮而不腥，肉質夠細緻，油脂算豐富。至於是不是魚中冠軍，這不好說，畢竟人人口味不盡相同，東西好不好吃，終究是主觀的事。

這一天早上，十一點多才到菜場，相熟的魚攤僅存幾種魚，我掃視攤頭，隨口問道：「這午仔魚是吧？怎麼這麼小條？」

「對啊，是午仔，」老闆答，「午仔是寒天的魚，季節快過去了。今天進了沒幾條，大一點的都給人挑走了，這最後一條，野生的，不是養殖魚，好呷哦。」

「是野生的嗎？怎麼看？」

「看這裡，」老闆比著魚的胸鰭，給我上一堂菜場的自然課，「黑的，就是野生的，養殖的會有一點點黃，天氣一暖和，市場上就只有養殖午仔了。」

是這樣嗎？我可又長知識了。就衝著這一點，雖然這條魚真有點小，半斤都不到，還是買了。再說，反正我家就兩口人，有了這條午仔，再弄個熱炒，煮個蘿蔔排骨湯，一人一碗飯，日常晚餐，足夠了。

午仔魚做法多樣，可以乾煎、煮湯，亦可做成「一夜干」，烤來吃。我則偏愛加上又稱樹子的破布子或蔭冬瓜，大火蒸到剛好熟。正巧家中冰箱尚有半罐破布子，就用這個，加點薑蔥和酒，蒸上一盤融合廣東做法的台式蒸魚。

用來盛魚的，是特地到鶯歌立晶窯買的復古餐具。我和約柏都覺得，自從改用這一套碗盤來盛的是中式菜餚，不管是細火慢燉的紅燒肉，還是大火快炒的青蔬，自家做的菜餚好像都變得更可口，不由得就多添了半碗飯。

這一套古早風味的碗盤一律白釉淺藍邊，圖案有青花亦有彩繪，聽立晶窯蘇家第四代的女兒說，都是她的父親蘇老師傅手繪的。仔細端詳，乍看一模一樣的圖案其實仍有些許不同，也因此這套餐具雖非細緻的骨瓷，亦不是有年代的老碗公、老盤子，就算並未透過經銷商，在產地直接跟立晶窯門市買，價格還是比市面上的工廠量產貨色高上那麼一小截。

我們卻一點也不嫌它貴，只因這一套深富民藝趣味的碗盤，蘊含

著手工的「溫度」。一碗普普通通的乾拌麵盛在那碗公裡，舉箸欲食的人不必等到麵條入口，便已感受到古早的風味。日常的好味道霎時之間和台灣民間工藝文化產生了連結，舌齒間彷彿承接了悠遠的歲月。

吃東西，不單爲了滿足口腹之慾而已。人類身爲萬物之靈，吃一口飯也好，啜一口茶也罷，動用到的不只是味覺感官，還有我們的視覺、聽覺、嗅覺、觸覺，以及——更重要的——我們的心靈。

破布子蒸魚

破布子蒸魚

材料

（A）午仔魚、薑片和薑絲、蔥、破布子 2 大匙（連醃汁）
（B）鹽、米酒、白醬油、麻油混合葵花油約半大匙到一大匙

做法

1 午仔魚略沖洗，把魚腹中深褐色血塊挖乾淨，以免有腥味。用紙巾擦乾，抹少許鹽和米酒，在魚腹中和魚身上擺幾片薑，醃約十分鐘。
2 醃魚時來處理蔥，切除蔥綠，但勿丟棄，稍後可連同薑片置於蒸盤上，墊於魚身下，可防魚皮沾黏。把蔥白和淺綠的部分切成絲，和薑絲一起泡冷開水備用。
3 魚放在已墊了蔥薑的盤中，加進破布子和醃汁，淋少許白醬油和一點點酒。在炒菜鍋中置蒸架，加熱水，待水又沸騰後，放入蒸魚盤，蓋上鍋蓋，大火蒸 8-10 分鐘。
4 用筷子插魚身最厚的部位，如果不費力便可穿過，魚就蒸熟了。挑出盤中的蔥段和薑片，撈出薑蔥絲置於魚身，燒熱油，淋在薑蔥上，端上桌。

註 除了午仔魚外，也適合加破布子蒸的魚還有豆仔魚、鯧魚、紅條、海水吳郭魚等等。如果擔心自己無法掌握火候，對蒸一整條魚沒信心，不妨就改蒸易熟的鱈魚（請 注意，台灣市場上的鱈魚，其實不是英文名為 cod 的真鱈，而是產於寒冷海域的大比目魚，亦即 halibut），或台灣鯛魚片（所謂台灣鯛或潮鯛，也就是吳郭魚），魚片下可改墊豆腐而非蔥段，一來增加菜量，二來原來滋味較淡寡的豆腐，吸了蒸魚汁以後，味道特別鮮，質地又軟嫩，用不著咀嚼就可以唏哩呼嚕吞下肚。魚片可以放進電鍋蒸，外鍋放半量米杯的水，電鍋跳起，魚就蒸好了。

春天就該吃韭菜

驚蟄節氣前，大地並無一聲驚雷，天空飄著微雨，我上菜場買了一大把韭菜，準備吃個痛快。農諺有云，正月蔥，二月韭，陽曆三月初的驚蟄日，常常碰上農曆的二月，恰是韭菜當令的季節。

中午就吃韭菜拌麵。在滾水鍋中下了一小把乾麵條，為了讓麵更有嚼勁，點了兩回冷水。第二次冷水一下鍋，自冰箱取出西螺蔭油，倒了約莫半湯匙至碗裡，再淋少許米醋和冷榨麻油，還撒了點蔥花。

嚐了嚐麵條，再煮下去就太軟了，趕緊夾至碗中，立刻撒切成段的韭菜到煮麵的熱水鍋裡，默數到五便用漏杓撈起，置於麵條上，加了一小匙朋友手工做的酥麻辣渣渣和雞油蔥酥，牙白、翠綠、赭紅、金黃相間，倒也秀色可餐。端至餐桌，用筷子一拌，韭香和蔥香霎時撲鼻；韭菜入口，辛而不辣，咬來略有清脆之感，不會一口的渣。

晚餐呢，用鴻喜菇和肉絲炒韭菜。還加了一點辣椒，去了籽，切絲，不求其辣，只想給菜餚多添顏色。這樣的一盤家常快炒，雖不如杜甫詩中「夜雨剪春韭，新炊間黃粱」那般詩意，然而驚蟄過後，大地陽氣逐漸變旺，新春的韭菜迎陽而發，辛香的韭菜加上越嚼越甘甜的白米飯，多少給這個乍暖還寒的夜晚帶來春天的滋味。

吃了兩頓韭菜，仍意猶未盡，第二天到主婦聯盟消費合作社買豆漿時，看見菜櫃中有韭菜花，毫不猶豫，拿了一包。農曆二月，不只適合食韭菜，韭菜花和韭黃也「著時」，滋味亦美，只因這韭菜、韭菜花和韭黃，根本是一家人。

韭菜是植物的莖葉，韭菜花顧名思義是韭的花蕾和花莖。又稱白韭菜的韭黃，則是在種植時期採「遮光」手法，不給韭菜曬太陽，讓它無法產生葉綠素，從而綠不起來，變成淡黃色。

老家在江蘇的先父愛吃韭黃，從前一到春天，我們上江浙館子，必點韭黃鱔糊，自家餐桌上也常有韭黃牛肉絲這道熱炒。爸爸總說，韭黃吃在口中的滋味和質地就是比韭菜來得細緻一點，可他老人家偶爾換換口味吃北方的餃子，卻往往指定韭菜餡，箇中有何緣由，可嘆我彼時沒想到要問，這會兒已不得而知。

我那生在高雄的媽媽，則更喜歡韭菜花，說它吃來清脆，味道較鮮甜，氣味也不像韭菜和韭黃那麼重。她多半拿來炒豆干、花枝或甜不辣，偶爾什麼配料也不加，就只加油鹽清炒，頂多噴一點米酒嗆鍋。媽媽平日跟著爸爸吃江浙菜，然說到韭菜花，做法完全反映她的台灣口味。

而我的這一把韭菜花，卻不打算依循先母的做法，而要炒成「蒼蠅頭」。這道菜說穿了就是韭菜花炒豆豉、肉末和辣椒，因爲乍看有點像綠頭蒼蠅，才有了這「可疑」的菜名。

台灣幾乎每家川菜館子都賣蒼蠅頭，可它偏偏就不是川菜，而跟眼下早已成爲台灣代表美食的「川味牛肉麵」一樣，其實是「MIT——台灣製造」的食物，據說創始者是台北一家川菜館的老

闆。他原本不過想要徹底利用廚房剩餘的食材，未料到卻「發明」了一道經典川味台菜。

這道菜的做法簡單到不行，肉末下鍋炒到微黃，下豆豉、辣椒炒香，加進切成小段的韭菜花，淋點醬油和料酒拌炒幾下，就可以起鍋。你瞧，整道菜連洗、切、炒到端上桌，十來分鐘便大功告成，既不費事又非常下飯，廚房新手都做得來，我自從發覺炒盤蒼蠅頭竟然如此簡單輕鬆，食材成本又如此低廉，上館子便再也不點這道菜，想吃的時候，挽起袖子自己來。

韭菜鴻喜菇炒肉絲

材料

（A）肉絲約 100 公克、韭菜一把、鴻喜菇、蒜末、辣椒絲、鹽、白胡椒
（B）醃料：醬油、米酒或紹興酒、糖、太白粉、香油

做法

1 肉絲用醃料醃約半小時。韭菜切段，鴻喜菇切除根部，稍微撕開。
2 燒熱鍋子，加油，將肉絲炒變色，撈起。利用餘油炒香蒜末和辣椒絲，加進鴻喜菇略炒。
3 肉絲回鍋，立刻下韭菜，加鹽和白胡椒調味，大火炒勻即可。

註　完全不吃辣者，可用胡蘿蔔絲或紅甜椒絲來取代辣椒絲。

蒼蠅頭

材料

豬絞肉約 100 公克、韭菜花一把、辣椒兩根、豆豉、蒜末、醬油、米酒

做法

1 韭菜花切成不到一公分長的小粒，辣椒切斜片或切末。如果用的是乾豆豉，泡水讓它變軟後瀝去多餘水分。
2 鍋子燒熱後加一點油（一匙左右），絞肉下鍋翻炒至微黃。加進豆豉和辣椒，喜歡蒜味的話，這時也可加一點蒜末，炒香。
3 韭菜花下鍋，淋醬油和酒，炒勻即可。

美味及時嚐

上菜場，竟然看到有一攤在賣海魴，也就是高檔餐館裡的多利魚，也有人稱之爲月亮魚。這是我在義大利和法國居遊時最愛吃的魚，肉質細嫩，刺又少，兩面煎黃，擠一點檸檬汁在魚肉上，滋味就很鮮美。

海魴在家鄉台灣並不常見，多半是已切片的冷凍貨，屬於餐館用魚，難得拿出來零售。至於新鮮的整條海魴，搬回台北以來，這還是第一次看到，也因此雖然價格有點高，我也不討價還價，喜孜孜地買了一條，請魚販替我剁下魚頭，斬成數塊，回家後扔進冷凍庫，過些天添上別種魚頭，加點洋蔥、胡蘿蔔和西芹，便可熬上一大鍋高湯；魚身部分則留待我自行處理，打算去骨、片成腓力。

魚販邊「殺」魚邊說：「這種現流的印章魚很少有哦，太太妳眞識貨。」

這魚販嘴眞甜。可她方才把海魴叫成了什麼？我在書上看過，海魴除多利和月亮此二中文俗名外，亦有鏡魚和鏡鯧的別稱，「印章」想來是此魚在台灣的另一個名字，得自於海魴的體側必有的圓形斑點。

還住荷蘭時，從晚春到深秋，露天市場偶爾見得到海魴的蹤影，我一看到就買，只是那時要買這魚，得喚其荷名 zonnevis，直譯

爲「太陽魚」。記得頭一回聽聞此名，心裡還想著，月亮魚到荷蘭竟改名爲太陽，這是怎麼回事？後來才發覺，太陽魚之名和太陽其實沒太大關係，而可能來自海魴的拉丁學名 Zeus faber 中 Zeus 這個字（即希臘神話中的天神宙斯）。

說到魚的名字，海魴的英文名更好玩，叫做 John Dory，有名有姓，前頭要是加個 Mr.，聽來簡直在稱呼某位英國紳士。魴魚在咱華人世界又稱「多利」，也許就來自 Dory 的音譯。

海魴在南法與義大利是常見的魚種，盛產於地中海，其法國名爲 St. Pierre，義大利人則稱之爲 San Pietro，指的都是天主教聖徒聖彼得。民間傳說，聖彼得曾應耶穌之請，帶了一條海魴獻給耶穌，從此這魚的身上就留下聖彼得的指印。咱們眼中的印章，西洋人卻以爲是指印，東西方文化果真大不同。（「你瞧，那魚的體側不是有黑斑？哎，那正是聖徒的標記。」我彷彿聽見普羅旺斯小村的老漁夫這麼說。）

是聖徒的指印也好，還是可以拿來代替簽名的印章也罷，在我看來，海魴不管叫什麼名字，模樣都帶著股滑稽相，頭似馬面，嘴特大，還向上斜，以致看來老掛著一副不以爲然的表情。

海魴由於肉厚，適合片成魚排。我在歐洲的館子裡吃到的，就多半是這種已斬頭截尾並剔骨的魚腓力，可直接在炭火上烤熟，亦可淋上貝夏美白醬（Bechamel sauce）、撒點乳酪，焗烤做成「起司焗魚」。我兒時和爸爸到如今已歇業多時的「中心餐廳」吃滬式西餐，最愛就是起司焗魚。

魴魚簡單烹之，更能嚐到原本的鮮味。好比說，這一晚做檸檬牛油煎魚排，調味料只有海鹽和胡椒而已，臨下鍋前敷上，或快起鍋前才撒下，都成。用一半牛油一半橄欖油，魚排兩面煎至微微焦黃，末了撒點歐芹增色，擠點檸檬汁添香，這樣就可以了。隨手拌上一盆生菜沙拉，自烤箱取出烤馬鈴薯塊，夫婦倆各來一杯法國的白蘇維儂葡萄酒，輕鬆而不隨便地吃了一頓洋氣的晚餐。

人生苦短，美味務須及時嚐，何時能再有機會品嚐新鮮的海魴呢？我還眞沒把握。

食譜 檸檬牛油煎魚

材料

魚排兩片、無鹽牛油、橄欖油、鹽和胡椒、檸檬一顆、歐芹末

做法

1 請魚販替你把整尾魚去骨，片成魚排（魚腓力），用紙巾擦乾魚排，尤其是魚皮，這樣皮煎好後才會脆。檸檬一半擠汁，一半切成檸檬角，備用。

2 平底鍋用中大火加熱，加進一小塊牛油和一點橄欖油，等牛油融化且泡沫消退時，在魚排兩面撒一點鹽，立刻下鍋煎，魚皮那面朝下，轉中火煎約 3 分鐘，把皮煎黃，在魚肉朝上的部分置一小塊牛油，翻面再煎 1-1.5 分鐘。

3 撒一點胡椒調味，將魚起鍋盛在盤中，一旁放一塊檸檬角，魚上可加一點歐芹末增香添色。在鍋中再加一點牛油，融化後加進檸檬汁，淋在魚的邊上，當醬汁。可配生菜沙拉、水煮青花菜、四季豆或其他自己愛吃的蔬菜。佐烤馬鈴薯、薯泥、炸薯條、牛油拌麵，甚或米飯皆可。

(註) 買不到新鮮海魴也沒關係，春暖花開時分，在傳統市場常有黑鯛、嘉鱲、白帶魚、鯧魚、黃鰭鮪、劍旗魚等海魚的蹤影，還有養殖的各種鱸魚、鯛魚片或進口的鮭魚和扁鱈（大比目魚）。這些統統是適合煎炸的魚種，倘若吃膩了台式乾煎做法，或想換換口味，那就改用一半牛油加一半葵花油或橄欖油煎魚吧，一人份再添上兩顆鮮干貝，擠點檸檬汁，東方餐桌立刻有了西洋味。

小提醒。

請注意，如今市面上有一種近似長橢圓形的白肉魚片，名為「魴魚片」或「多利魚片」，根本名不副實，並不是海魴，而是越南進口的巴沙魚（basa fish，學名為 pangasius），正式名稱是「低眼巨鯰」。多利是海魚，巴沙魚乃淡水養殖，兩者實不相干，前者價格比後者高了一大截，味道也差很多。多利魚肉質細緻緊實，巴沙魚肉質軟嫩，但往往帶點「土」味。

新鮮多利魚在傳統市場可遇不可求，在餐館裡吃到的常是呈三角形的解凍魚排。市售的巴沙魚也是魚排，有些賣場在被踢爆廉價的巴沙非高價的多利後，將之改名為「國宴魚」，言下之意似指國宴上用過這種魚。

唉，希望這只是業者信口開河，隨便給巴沙魚安個美名，國宴上真端上這魚，夠不夠「稱頭」倒是其次，就怕一不小心給貴賓吃了不宜多吃的東西，好比說，生長激素和膨發劑。生長激素即荷爾蒙，可以刺激魚快速生長；養殖漁民為追求效率和利潤，在魚飼料中添加生長激素，在第三世界國家並不是罕見的特例。膨發劑則可讓魚肉看來飽滿，吃來「比較 Q」，添加膨發劑固然合法，人造化合物不是不能吃，但如果能不吃，不是更健康也更天然一點？

當然，如果有人就是愛吃含有人工添加物的「加工食品」，嫌「真食物」沒味道，那完全是個人的自由。我很早就明白，人最管不住的，除了別人的一顆心，往往還有自己的那張嘴。

同場加映：

冬天過去了，又是吃黃鰭鮪的季節（產季四至十月）。在主婦聯盟消費合作社買了一大包冷凍鮪魚排，一半抹了醬油和味醂，像牛排那樣，煎成三分熟；另一半自己加工做成地中海風味的橄欖油封鮪魚 （thon confit l'huile d'olive），可以加進番茄醬汁裡煮一下，配義大利麵，或切小塊拌生菜沙拉。

油封鮪魚放在冰箱冷藏，照理講半個月都不會腐敗，但我哪裡等得了那麼久，往往一星期就吃光了。

橄欖油封鮪魚

材料

鮪魚約 300 公克、橄欖油 300 毫升、迷迭香一枝、百里香一小束、月桂葉一片、一顆檸檬的皮（不要白的部分）、中等大小的洋蔥一顆、蒜頭 2-3 瓣、鹽和黑胡椒

做法

1 鮪魚切成一吋厚，洋蔥切大塊，蒜頭剝皮但不必切碎。

2 在煮鍋中倒油，加迷迭香、百里香、月桂葉、檸檬皮、洋蔥、蒜頭、鹽和黑胡椒，用最小的火煮 20 分鐘後，熄火放涼約半小時使入味。

3 魚肉加進香料油中，放回爐火，小火煮至油熱了，轉文火再煮約 10 分鐘，撈出鮪魚，放涼。

4 待油也冷卻後，把鮪魚裝進有蓋容器中，油過濾倒在魚上，密封，冷藏。

春天的顏色

午飯後翻冰箱，查看還有什麼材料可以做晚餐。蔬果抽屜中有紅甜椒、紫圓茄和綠櫛瓜，再添上番茄，不就可以燉上一鍋普羅旺斯風味的燉菜了？眼看天氣越來越暖和，等過一陣子眞正熱起來，番茄便不「著時」，櫛瓜價格也會往上翻，我得把握這季節交替的時機，將暮春的顏色匯集於一鍋。

立刻出門，直奔離家不遠的主婦聯盟消費合作社。前兩天去買菜時已發覺，牛番茄價錢特別好，聽說是契約農家的番茄「大出」（盛產）之故。肉厚又略帶酸味的牛番茄正適合拿來做燉菜，聖女和玉女等小番茄滋味偏甜，則較不宜燉煮。

住荷蘭時，夏天我常做這道洋名叫 ratatouille 的菜餚，因爲茄子、櫛瓜、甜椒和番茄等食材，在氣候溫和的西歐都是夏令蔬菜。一過了秋天，天寒地凍，這道菜便從我的餐桌絕跡，再出現時，至少已是隔年初夏。

回到台灣，夏天卻不是做燉菜的好時節。天氣太炎熱，所需蔬果材料的品質不夠好，尤其是不耐高熱的櫛瓜和番茄，不但價昂，味道也薄淡，加以並非按照天然時序而生產，想也知道種植時八成得多下農藥或其他可疑玩意，才能阻絕夏季猖獗的害蟲和雜草。我左算右算，都覺得不必花那個冤枉錢買違反季節的蔬果，划不來。

此菜給安上「普羅旺斯燉菜」這中文名字，表明其來源爲南法的普羅旺斯。它原本是熟悉西餐的老饕才認識的法國鄉村菜，到以 ratatouille 爲片名的美國動畫片《料理鼠王》上映後，方大大地有名起來。片中那道點題的燉菜，品相層層疊疊、五彩繽紛，看來著實秀色可餐，難怪能打動片中刁鑽的美食家，也誘得觀眾口水直流。眼下，老饕遊客好不容易到普羅旺斯一遊，哪有不嚐嚐正宗 ratatouille 的道理，這可是比臉書打卡還重要的事啊。

然而，在我又一次去普羅旺斯居遊時，和當地人提起影片中的 ratatouille，立即見到對方蹙起眉頭。根據普羅旺斯鄉親的說明，道地的燉菜其實略似大雜燴，蔬菜須用小火慢烹至軟爛，品相根本不像片中的菜餚那般工整。我的房東講的最直白，「哼，那哪是 ratatouille 啊，根本是給美國人吃的美國菜，與普羅旺斯一點關係也沒有。」

我看到房東反應如此激烈，很識相地閉上嘴，並沒有再往下探究另一個十之八九也會招惹是非的問題：燉菜應該遵照傳統做法，將各樣蔬菜分別煎炒到軟後，才合在一起燉呢？還是可以按照食材的性質，慢熟的先下鍋，快熟的晚一點下，總之不必分開來炒，就在同一口鍋裡將各種蔬菜一併炒好、煮軟就成了？

回到自家的廚房，在不很忙又有點閒情的週末，我會循規蹈矩，恪守古法，慢條斯理地燉它一大鍋，分三頓吃。頭一頓當邊菜，配簡單煎或烤的肉排、海魚或大蝦。隔一天將燉菜回鍋加熱，撒上新鮮的羅勒絲或九層塔，拌義大利麵；要是天氣暖和，就不加熱，做西式涼麵的澆頭。同樣的菜餚連吃三天未免太膩，於是隔個兩三天再吃第三頓，拿來做午餐輕食；只消在開飯前半小時取出冰箱，讓它「退

冰」，然後鋪在烘熱的長棍麵包片上，喀嗞一口咬下，菜香麵包脆。

不過，也有忽然想吃 ratatouille，饞到要命，卻沒有多少時間可以煮炊的時候。沒關係，都到了這節骨眼，就改拿出工商時代的速簡作風，做個快速版的燉菜。平時做菜那麼認真，偶爾偷個懶，應該的。

普羅旺斯燉菜

速簡版普羅旺斯燉菜

（四人份，或二口之家分兩頓吃）

材料

中等大小的洋蔥一顆、蒜頭 3-4 瓣、圓茄 2-3 個、紅甜椒一個、櫛瓜一條、中等大小的牛番茄 3-4 顆、橄欖油、月桂葉一片、奧勒岡香草一小撮（又譯披薩草，oregano）、酒醋或白葡萄酒、鹽、胡椒、羅勒或九層塔

做法

1 洋蔥切碎或切絲，蒜頭切片或剁碎，圓茄切小塊，紅甜椒切小片或切絲，櫛瓜切成半圓的片，番茄底部劃十字刀紋，用熱水燙 20 秒左右再泡冷水，去皮去籽，切成丁。

2 洋蔥和蒜一起下鍋用橄欖油小火炒香，轉中火，加茄子，茄子吃油，這裡需再多加油，炒軟。

3 酌量再加一點油，下櫛瓜、甜椒片和番茄、月桂葉和奧勒岡香草，淋一點點酒醋或白葡萄酒，轉小火，燉上 25-30 分鐘，到菜都軟了，加鹽和胡椒調味。快起鍋前加一點羅勒（或九層塔）。

同場加映：

近幾年來，櫛瓜在台灣市場越來越常見，價格也越來越親民，春天櫛瓜當令時，我在中午傳統市場快收攤時，還買過一條二十、三條五十元的好價錢，當場一口氣買了六條，只要一張百元鈔票。

櫛瓜和鮭魚味道很搭，切片，炒洋蔥，加奶油燴一下，最後加進切絲的燻鮭魚，就可以拌義大利麵吃。買不到進口的燻鮭魚，或覺得太貴，改用一般超市和菜場都買得到的淺鹽漬鮭，味道亦美；用新鮮鮭魚肉也未嘗不可。

若打算以中式做法烹調櫛瓜，需注意一點，櫛瓜雖長得有點像較纖細的大黃瓜，處理方式卻不大一樣，首先不必削皮，亦無需煮到軟透，直接切片加蒜末炒，愛軟愛脆，隨你喜歡，添一點蠔油更好吃。拿來炒蝦仁或牛肉片亦美味。

還可以切片，薄裹一層麵糊，油炸蘸椒鹽吃。

鮭魚櫛瓜麵

材料

櫛瓜片、洋蔥末、燻鮭魚或鹽漬北海道秋鮭、不甜的白葡萄酒（或煮麵水）、鮮奶油、鹽和胡椒、歐芹末或細香蔥末、義大利麵、橄欖油、牛油

做法

1 燒一鍋開水，滾後下義大利麵，加鹽，根據包裝上說明的時間，煮至彈牙。
2 在這同時，用一點橄欖油和牛油，小火炒香洋蔥後，下櫛瓜片炒至稍軟，加少許白葡萄酒（或煮麵水）。
3 酒快燒乾時，淋入鮮奶油，落鹽和胡椒調味，待汁稍收乾，加進切碎的鮭魚，待魚肉熟透，撒一半的歐芹末或細香蔥末，攪拌，即成醬汁。
4 把醬汁拌入煮好的麵條中，拌勻，盛盤，上面再撒一點點歐芹末或細香蔥末。

春光無限好

在荷蘭時，一到春天就得時光，痛快吃蘆筍，吃的是種植時不給見陽光的白蘆筍，用水烹煮前需切除底部，並削除硬皮，不然吃來一口渣。荷蘭的蘆筍季始於四月底，終於六月，正值晚春至初夏。過了這季節，就多半是進口貨，即便悉心烹調，也沒有當令的本土蘆筍那麼鮮嫩甘甜又多汁。

回台北後，發現蘆筍季節長多了，從三月下旬到十一月，自春天一直至秋天，除了七、八月較少，其他月份都有蘆筍可吃。一般是綠蘆筍，有粗有細，隨著飲食習慣逐漸西化，如今偶也見得到體型粗壯的白蘆筍。

一年雖有三季吃得到蘆筍，不過聽相熟的菜販說，還是春天產量高，特別是四月這時價格也最平，於是一到這個時節，我就卯起勁來烹調各種蘆筍菜色。若是中式吃法，我常直接清炒，起油鍋，加一瓣蒜頭，待蒜瓣傳出香味就撈出，以免蒜味掩過蘆筍清新的滋味。有時則拿來炒蝦仁、肉絲或牛肉，這時往往會加一點去籽的紅辣椒絲或彩椒片，讓整盤菜色彩更鮮明。

偶爾還會學小酒館做培根綠蘆筍捲，當下酒小菜，做法簡單到簡直不需要任何廚藝。碰到工作忙，沒有多少空燒菜時，更常用蘆筍做義大利麵，加燻鮭魚、生鮭魚、西班牙辣腸、薩拉米腸或培根炒成麵料，偶爾多加彩椒增色，和煮至彈牙的義大利麵一拌。一盤裡頭有葷有素有澱粉質，再從冰箱中取出週末自製的番茄蔬菜湯或胡蘿蔔湯，加熱，如此一碗湯，一盤麵，搞定一頓簡便卻不隨便的週間晚餐。

食譜 白蘆筍拼火腿和煮蛋

材料

白蘆筍、雞蛋、馬鈴薯、鮮切洋火腿（即 ham，非中式火腿）、牛油、肉荳蔻粉、鹽和胡椒、歐芹末

做法

1 從冰箱中取出雞蛋，使恢復室溫。削除白蘆筍的硬皮，削時握牢蘆筍中段部位，小心不要折斷。削好後，自距底部一兩公分處下刀，切除纖維較粗的底部。削下來的皮和底部不要丟掉，可留下來煮蘆筍水。

2 在炒菜鍋中注入清水，把剛才削下的蘆筍皮和底部放在鍋底，煮沸，加少許鹽，處理過的蘆筍整根下鍋，沿著鍋邊頭上腳下斜立站好，筍尖需露出水面。等水又沸騰時，轉小火，蓋上鍋蓋，煮 8 分鐘左右，熄火，勿掀蓋，再燜 10 分鐘。

3 把連皮的馬鈴薯和雞蛋放進另一口鍋子，加冷水和鹽，水面稍淹過材料即可，開大火，水滾後轉小火，蓋上鍋蓋，3-5 分鐘取出雞蛋，立刻沖冷水，備用。馬鈴薯留在鍋中，再煮 15 至 20 分鐘，煮到竹籤或叉子可輕易穿透，就表示馬鈴薯熟透了。

4 撈出蘆筍，分置盤上，撒上肉荳蔻粉、歐芹末、一點點鹽和胡椒，火腿和剝了殼的水煮蛋置於蘆筍旁邊。馬鈴薯去皮、切塊，也置於蘆筍一側，撒適量的鹽和胡椒調味。

5 用小火融化牛油，喜歡的話，可在牛油汁裡攪進檸檬汁和檸檬皮碎末，然後澆在蘆筍上，上菜。也可以用小盅盛裝牛油汁，隨菜餚一同端上桌。

小提醒。 煮過蘆筍的湯濾掉皮和渣後，便是蘆筍高湯，放涼冰了以後，則是清火的蘆筍水，可當冷飲喝。

變化做法

也可以拿煙燻鮭魚來配白蘆筍，一人份約兩、三片也就夠了。

同場加映：

小酒館裡的下酒菜培根綠蘆筍捲，做法容易到不行，把蘆筍切成和培根寬度差不多的小段，汆燙後，每兩三根用半片培根捲起來，收口朝下，置於墊了烤紙或鋁箔的烤盤上，撒點香草屑，放進已預熱至 200 度的烤箱，待培根出油且略焦就行了。也可用牙籤固定收口，改用平底鍋煎熟。

二月 一口咬下春天

歲暮天寒，行人個個瑟縮著身子，一開口說話便哈氣成煙，眉宇間卻帶著似有若無的期盼神情，天地間也隱約有陣陣暖流在迴蕩，街頭漾著一片喜氣。快過年了，立春將至，怎麼可以不喜洋洋，如何能不期待？

在台灣，農曆新年等於「春節」，從大年除夕到初五都是假日。以前我並不了解農曆年明明仍是冬季，爲何叫做春節，這些年開始留心傳統二十四節氣之說後才發覺，原來立春之日不是落在陽曆二月四日就是五日，常常就在「過年」前後，人們遂將這陽曆的節氣和陰曆的節慶合併在一起了。

這下子也想起來，祖籍江蘇的父親還在世時，過年前一定召集全家人一起包春捲，餡料多半是韭黃、蝦仁、肉絲，另外還有蔥花和薑絲。大夥兒圍在圓桌旁，一邊包春捲，一邊聊天，和樂融融。

從除夕到大年初三，我們家的晚飯桌上肯定少不了一盤炸春捲，老人家說，通體金黃的炸春捲像金條，過年討個吉利，來年不愁吃穿。再說既然是過春節，自然得「咬春」，一家人遂各自夾了一條炸得香酥的春捲，擱在自己的小盤子上，淋一點醋去膩，整條送至嘴邊，咔嗞一聲，還眞有把春天一口咬下的痛快。

兒時，我以爲咬春是父親開玩笑的講法，長大以後，過年去朋友家湊熱鬧，倘若碰上用餐時間，往往就厚臉皮地蹭頓飯吃。要是對方的祖籍在華北，桌上常有一大盤烙薄餅，另備一大盆將粉絲、肉絲和韭黃、菠菜、蔥段、木耳等蔬菜炒在一起的「合菜」，吃時由各人自個兒把合菜包進餅皮裡，捲起來吃，那餡料菜多肉少，吃來十分爽口。朋友家也稱之爲咬春，只是咬的是「春餅」，不是咱家的春捲。

春捲也好，春餅也好，眞要追究起來，立春日咬春這習俗已有兩千多年了，早在春秋戰國時代便已有用「五辛盤」來祭祀春神的禮俗，五辛指的正是五種辛香的蔬菜。唐宋時代，稱五辛盤爲「春盤」，唐代大詩人杜甫有詩云「春日春盤細生菜，忽憶兩京梅發時」，道出了唐代人在立春日吃春餅和生菜的習俗。

從養生的角度觀之，此一食俗還眞有幾分道理。按中醫說法，立春之後，陽氣漸旺，人體需舒展一下，適合吃點有發散、行氣、行血功能的辛味食物，好比蔥、蒜、韭等。而西醫也說，春寒料峭，容易傷風感冒，多吃含維他命C的蔬菜，有助預防感染呼吸道疾病。你瞧，不論是東方還是西方醫學，都同意立春日咬春有益健康。

立春這二十四節氣之首，雖不代表春日已至，卻意味著寒冬已到盡頭。自然界的植物開始萌芽，冬眠的動物逐漸蘇醒，大地即將恢復生機，正是所謂的一元復始、萬象更新，怎不讓人滿心歡喜？立春那天，何不動手包春捲，或備上春餅，餡料裡別忘了多添點辛香蔬菜，大家一起來咬春，靜心期待美好的春日重回人間。

三月 春初食早韭

週末逛菜場，菜攤上堆著大把大把的青蔥，修長挺直，蔥白色如凝脂，蔥綠翠豔，眞是美，忍不住買了一大捆，晚飯炒個蔥爆牛肉吧。

見著蔥，聯想到長相近似的韭，付帳時隨口問，怎麼都是蔥，韭菜才可憐兮兮一小落。中年菜販笑吟吟地看著我這熟面孔，俐落地將蔥塞進我自備的花布袋裡，一邊半開玩笑地說：「老闆娘，別心急，俗話說，正月蔥，二月韭，再等一下，等農曆二月到了，我叫蔥讓位給韭菜，要吃多少就吃多少。」

哎呀，這眞是。前一陣子特別忙，日子過得顚顚倒倒，他這一席話提醒了我，天氣已漸漸回暖，馬上就驚蟄，跟著就是春分。春天，眞的要來了。

我特別喜歡二十四節氣中的「驚蟄」，覺得它意象豐富而靈動，有畫面，有動作，還有聲音。小時候總想像，驚蟄這一天，春雷響起，蟄伏整個冬天的草木蟲魚鳥獸統統被這轟隆隆的雷聲驚起，睜開惺忪的睡眼。新芽怯生生地從樹梢探出頭；小草也慢吞吞伸起懶腰，站直了身子。萬物就這麼恢復生機，一同演出「大地春回」這一部聲光俱佳的好戲。

在那蓬勃成長的自然生物中，當然也有韭菜這多年生的草木植物，春天，正是食韭的季節。

說起來，韭菜可是道地的「中國貨」，此蔬原生於中國大陸，漢人老祖宗是世上最早發覺韭菜美味的民族。《詩經．七月》便記載先人春日「獻羔祭韭」的風俗，可見早在大約三千年前，中國人就種韭食韭了。

韭菜的適溫環境是攝氏十到三十三度，台灣是亞熱帶島嶼，一年四季都產韭，然而風雅的老饕奉行六朝南齊文人周顒的名言：「春初早韭，秋末晚菘」，一般民眾也熟記「正月蔥，二月韭」的農諺，大夥兒都講究在陰曆二月，也就是陽曆三月吃韭菜，亦即驚蟄前到春分過後這一段期間。

這或許是大自然的巧妙安排，春天的韭菜不但滋味最鮮嫩，更是最應時的養生蔬菜。春天氣溫上升，陽氣漸旺，中醫相信，春韭「生則辛而散血，熟則甘而補中」，既可助陽保虛，還能健脾益胃。若按照西醫說法，就是可以補充體力，幫助血液循環，增加抵抗力，手腳容易冰冷的女性不妨多吃一點。

我幼時偏食，不愛糖果甜品，偏偏嗜食蒜苗、蔥、韭等又辛又嗆的辛香蔬菜，長輩都笑說：「這小女孩口味眞怪，簡直像個大男人。」父母看我愛吃韭菜，飯桌上常有韭菜炒綠豆芽、韭菜花炒花枝或韭黃炒豆干肉絲，讓我吃個痛快。

然而一到了最炎熱的七八月，韭菜就從我家失蹤，爸媽說夏韭「太毒」，少吃爲妙。當時我懵懵懂懂，不理解爲何韭菜一到夏天就變得有毒了，後來才理解這其實是民間的智慧，一來夏韭纖維粗，口感差；二來韭菜性溫味辛，夏天吃韭易上虛火；三來則是韭菜的害蟲

在夏季特別猖狂，農家須用較多農藥來除蟲，菜葉因而易殘留農藥，萬一清洗不當，還眞能害人中毒。

眼看韭菜將當令，何不趁它滋味最鮮美時，大快朵頤？加雞蛋、麵粉攤成餅，調成餡包餃子、包子或烙韭菜盒子，是既美味又能充飢的主食；氽燙沖涼，拌點白醬油、香醋和麻油，再撒點熟芝麻，翠綠間雜著星點的白，就是品相秀麗、辛嫩可口的小菜。

又或者，效法大詩人杜甫「夜雨剪春韭，新炊間黃粱」的意境。從驚蟄到春分，倘若有哪一天細雨迷濛，晚上就邀知交好友來家閒坐，要嘛簡單地溫一壺紹興酒，要不奢侈一點，開瓶紅酒或白酒，再來一大盤韭黃炒蛋或韭菜肉絲下酒。這樣的春夜，把酒言歡，談笑晏晏，多麼有情又有味。

四月 捲起春天，包起回憶

轉眼清明又將至，在我的家鄉台灣，清明時節未必雨紛紛，而是許多人家吃春餅的日子。

春餅，顧名思義是春令食品，閩南語稱為潤餅。春天吃春餅的習俗可回溯至唐代，《四時寶鑑》說：「立春日，唐人作春餅生菜，號春盤。」春盤就是春餅。春餅後來南傳，在福建演變成清明節食品，又隨著先民渡海來到台灣。

兒時，我每年春天要吃兩回春餅。過年期間吃炸春捲，那是父親江蘇老家的習俗；清明節則到外婆家吃潤餅。外婆雖是基督徒，並不拜神祭祖，卻仍恪守台灣南部傳統，清明節必食潤餅。

記得有一年尚未清明，我就被送到外婆家先住兩天，見識到她做潤餅的陣仗：簡單講，就是鄭重其事、絕不將就。餅皮講究手工現做，越薄越好，外婆早就跟菜場技術最好的攤商訂好貨，清明節當天一早取回，用濕布搗著，以免薄薄的餅皮乾掉，那可就煞風景了。

外婆鑽入廚房，開始準備餡料。蛋皮需先煎好，涼後切絲；包心菜、胡蘿蔔、豆芽、韭菜、芹菜、豆干等當令的蔬菜和素料，該切絲的切絲，需切段的切段，分別炒好。此外還得炒鍋肉絲，調碗花生糖粉，洗淨芫荽。各種餡料五顏六色，一一裝盤，待會兒任由各人自行取用。

中午，大夥擠在飯廳裡，圍攏在圓桌旁，先將半匙花生糖粉均

勻撒在餅皮上，然後這盤夾一筷子，那碟舀個一杓，也置於餅上，包捲起來便可以大快朵頤。外公最厲害，一餐吞下六、七捲沒問題。爸爸則始終吃不慣他所謂的「台灣春捲」，只吃個一、兩捲，意思到了就好。

十四、五歲時，外公和外婆移居美國，外婆家的潤餅宴不再，直到大三那年臘月十六，應邀到好同學家裡「吃尾牙」，才又嚐到久違的潤餅。按台灣民間習俗，這一天是一年當中最後一個拜神明的日子，拜拜完，大夥一起打牙祭，是爲尾牙。

同學家的潤餅與外婆的並不一樣，花生粉裡沒摻糖，包心菜、胡蘿蔔絲和香菇等餡料並不分開烹調，而炒成一大鍋，湯汁淋漓，舀取時得自行濾去汁液。說實在的，滋味也不錯，因爲桌上有盤炸扁魚酥，包進潤餅裡，和炒軟的蔬菜形成對比但均衡的口感。

事隔多年，我讀到家姊在考察閩、台潤餅食俗後爲「台北潤餅節」寫的專文，這才得知，我在同學家吃到的潤餅是廈門口味，盛行於台灣北部，通常在尾牙享用。外婆是台南人，故按南部習慣，並沿襲泉州傳統，清明食潤餅；至於花生粉中加糖的做法，則反映了台南人普遍嗜甜的口味。由此觀之，這小小一捲潤餅，包裹的不僅僅是家常的美味，還有世代相傳的記憶和家族的歷史，讓人得以循味追索家族的根源。

話再說回到那年尾牙，我在同學家吃到潤餅後，勾起對外婆廚藝的懷念，對母親提到此事，她「喔」了一聲，沒說什麼，過了幾天竟不聲不響地張羅了一大桌菜，頭一回辦起她自己的潤餅宴。菜色樣數雖比外婆的簡化一些，但味道如出一轍，保有外婆細緻的泉州風味。母親大半輩子是職業婦女，鮮少下廚，經由那一餐潤餅，我發覺母親其實也有雙巧手和敏銳的味覺。

我移居荷蘭前的清明節，母親又做了一次潤餅，讓我吃個痛快。料想不到那竟是我最後一次嚐到她的手藝。我離台三年後，母親突然病逝。我至今仍惋嘆，終究不明白她當年如何揣摩出外婆的好味道，只能安慰自己，母系家族的滋味已留存我的舌尖與心底。美好的回憶，永遠不會忘懷。

Part. 2

夏飱

夏至一碗麵

夏至日，中午去看電影試片，時間沒掐準，來不及塡肚子，一下車就趕忙鑽進放映室，好在影片不太長，而且滿好看，否則我可能會向腹中那股虛空之感投降，離場安撫腸胃。

話雖如此，影片最後的演職員表才剛放完，我便一個箭步衝到門口，覓食去。樓梯間裡遇見久違的老朋友，也是一副行色匆匆的模樣。

「哎呀哎呀，餓死了，我得趕快吃點東西。」朋友依舊是那副直爽的性子，一開口就喳喳呼呼，「昨晚熬夜，今天睡到太陽快照屁股才起床，早餐和午飯都沒吃，就跑來看這部藝術片，眞是爲藝術而犧牲哦。」

這人，還是這麼大大咧咧，怪不得跟我性情投合，雖然久久沒碰面，卻完全感覺不到時間造成的隔閡。

「好一陣子沒見，要不要一起去吃東西，邊吃邊聊？」我向朋友提議，腳步可也沒停。

「好哇，那一起去吃麵。今天夏至，是全年白晝最長的一天，也是吃麵的日子。」她搖頭晃腦，像背書一般說。

想不到她有這講究。照說人的飲食口味和習慣，往往來自原生家庭的影響，於是開口問朋友：「夏至吃麵。妳家的祖籍該不會是北京吧？」

「差不多，我老爸是河北人。倒是妳，怎麼也知道這習俗？」

當然是聽來的。有一年冬天去北京，和在胡同長大的文化界友人，聊起節氣和食物的關係，他告訴我，中國民間有句俗語「冬至餛飩夏至麵」，按照老北京作風，冬至得吃餛飩或餃子，夏至這一天則吃麵，且吃的多半是涼麵。

這是北地的飲食風俗，生於亞熱帶的台灣人看在眼裡，難免費解。冬至吃餛飩或餃子並不難明白，咱台灣冬至不也有吃湯圓的習慣？可是台灣人在夏至這一天，並不講究一定要吃什麼，北京人爲什麼非得吃麵不可？

說穿了也不奇怪，台灣主要種米，以米爲主食，麵食文化並不像華北那麼發達，與麵有關的食俗在台灣就比較少。而中國北方大多種植小麥和雜糧，夏天又正是麥收時節，每到夏至日，大夥自然而然用新麥來做麵食，所以夏至食麵也有嚐新的意思。

也好，既然在夏至日巧遇老友，就來湊個熱鬧，去吃碗夏至麵。兩人遂結伴到不遠的鼎泰豐分店，我滿喜歡那裡的隱藏版陽春麵加炸排骨（說穿了，就是請店家把排骨麵的炸排骨另外裝盤），而且已過了午餐時分，人潮應該不會太擁擠。

排隊的人果眞不算多到令人絕望，不過還是得先在門口等候叫號。趁候位時來塡點菜單，我毫不猶豫點了我的麵和排骨，還要一盤招牌小菜——炒四絲。朋友把點菜單拿過去，琢磨了好一會兒，總算寫好，交給我處理。

她點了酸辣湯，還有，欸，蝦仁蛋炒飯。

「不是妳說夏至要吃麵的嗎？」

「沒錯，可是整間鼎泰豐，我最愛吃的就是蛋炒飯。麵條，我可以晚上再吃。要不，等會兒妳分小半碗給我，我呢，把炒飯分給妳吃，這樣，我們就既吃了麵也吃了好吃的蛋炒飯，不是更好？」

哎，這活寶，比我還善變。

寒涼麵（韓式冷麵）

材料

（A）蕎麥或全麥麵條一束、韓國泡菜、小黃瓜絲、冷的燜黃豆芽或清燙綠豆芽、水煮蛋一顆、炒熟的白芝麻

（B）泡菜汁約一湯匙、蒜泥少許、蜂蜜、檸檬汁或糯米醋適量、白醬油、白芝麻油、冷開水

做法

1 滾水煮麵條，中途點一到兩次冷水，讓麵更有勁道。煮到自己喜歡的熟度後，立刻過冰塊水，撈出瀝去過多水分，拌一點白芝麻油以免沾黏。

2 趁煮麵時來準備醬汁，將（B）中的調味料混合均勻即可。冷開水最後才加進去，先加一點試試味道，再調整用量。

3 將麵盛至碗中或深盤裡，上鋪泡菜、小黃瓜絲、黃豆芽和切半的水煮蛋，最後撒白芝麻，淋上醬汁即成。

同場加映：

其實不單是夏至當天，炎熱的夏季，我一星期七天七頓午餐當中，常有一兩頓吃的是涼麵，除了上面這一道帶著點韓國風味的涼麵（我都開玩笑地稱之為「寒涼麵」），也常做和風蕎麥涼麵和中式口味的酸辣涼麵，中式涼麵多半用全麥麵條或細麵，總之看家中有什麼，就用什麼。

寒涼麵

家常酸辣涼麵

材料

（A）麵條、小黃瓜絲、胡蘿蔔絲、萵苣生菜絲、燜黃豆芽或涼拌綠豆芽、酥麻辣渣渣（可省）、白芝麻油

（B）醬油、紅油辣子、五印醋或糯米醋、花椒粉（可省）、蜂蜜或糖、蒜泥、蔥花、香菜末

做法

1 參考泡菜涼麵的做法，麵條煮熟過冰水，拌一點白芝麻油以免沾黏。上鋪小黃瓜絲、豆芽，最後撒一點酥麻辣渣渣。

2 將（B）混合即為涼麵汁。嚐嚐味道，不夠鹹，加醬油；不酸，添醋；不辣，加紅油；不喜歡太麻，就別加花椒粉。這酸辣汁尚可用來做涼拌菜，好比將吃剩的白切雞肉撕成絲，或將滷牛腱、牛肚切絲，置於盤中，下面墊黃瓜絲和胡蘿蔔絲、萵苣生菜絲，淋上醬汁一拌就好，爽口開胃。

註 1. 涼麵上喜歡擺什麼菜碼，就擺什麼，自己喜歡最重要。涼拌綠豆芽做法：綠豆芽稍汆燙去生，立刻浸泡在加了冰塊的冷水中，撈出，加鹽醃 10 分鐘後擠出水分，拌上蒜泥、蔥末、少許糖、炒熟的白芝麻和麻油，拌勻，進冰箱冷藏約半小時。燜黃豆芽做法請看本書第七十八頁。

2. 喜歡再重口味一點，可加上「三尺堂」酥麻辣渣渣，和酸辣醬汁頗搭（可網購）。

3. 紅油辣子是「嗎哪食品」出品，購自「248 農學園」。鼎泰豐的辣油亦可，或者自己動手：耐熱碗置乾辣椒片和乾辣椒粉（也可只加其中一種），喜歡蒜味者另酌加蒜泥。在鍋中熱油（我一般用葵花油或花生油），下花椒粒，待傳出香味後，撈出花椒。等油稍涼，倒進碗中，攪動，涼後即可裝瓶。

薑姿為何張揚

今天一大清早就起床，慢吞吞地喝了咖啡，吃了奶油烤吐司，上網讀了報紙，看電腦螢幕右下方顯示的時間，喲，還挺早的，看外頭太陽也不太毒辣，一時興起，就巷口搭著公車，一路到舊北投市場。那兒離我童年的家不遠，我三不五時就會到那兒晃悠，算是懷舊吧。

市場建築外圍的街市，人潮洶湧，遠比離家較近的士東市場和自強市場一帶更熱鬧。

並沒有特別要買什麼，只想隨興走走，隨意看看。卻見到好幾處菜攤都在賣嫩薑，有的一半的攤位都堆滿了薑。難道是嫩薑「大出」嗎？

逛到一攤，嫩薑用滾金邊的紅色緞帶繫成了一把一把，論把賣，一把總有六、七根，五十元，價錢眞好，就買上一把，晚上炒個子薑肉絲好了。我給菜販一個銅板，挑了一把，收進自備的環保袋中。坦白講，在我看來，這一把薑給繫上大紅尼龍緞帶後，賣相有點「傖俗」，但也因此多少帶有「喜氣」。

這時福至心靈，雖然夏天產嫩薑，但今日薑姿張揚，想來不是產量特別多的緣故，而與即將來臨的中元普渡有關。

於是請教也剛買了一大把緞帶薑的中年太太。

「對呀，中元拜拜一定要有『山珍海味』，就是要有一把薑、一包鹽。」

我還是頭一回聽說這習俗，但不知這是全台灣都如此，還是僅限於北部。

「這我就不知道了，我家是一直都這樣拜。」多謝這位太太有耐性，我追問了半天，她也不見怪，一一作答完才施施然離去，留下我在路邊感慨，自己對台灣民間信仰的儀式和禮俗，所知實在太貧乏了。

如此「無知」，和家庭背景誠然有關。我的江蘇父親在國共內戰後隻身來台，他生前自稱不信神佛，只感謝祖先，因此我家春節雖一定祭祖，平日卻完全不拜拜。而母親雖是出生於高雄的福佬人，娘家卻是虔誠的長老會基督徒，週日必上教堂做禮拜，根本不到寺廟燒香。在我的成長經驗中，求神拜佛這回事從來就不存在，現在又嫁了個相信「理性」的西洋丈夫，對台灣民間宗教習俗陌生至此，應該也不算太怪異。

我端詳著手中的這一把薑，它似乎在提醒我這個鮭魚返鄉的遊子，既往不咎，從今而後，必須更努力地去認識這一片土地，還有那許許多多我所不了解的家鄉事。

回家遂立刻上網查資料，打了「中元」和「薑」這兩個關鍵詞，哇，一百多萬筆。沒看幾筆便讀到，全台灣中元普渡拜拜都有供奉薑和鹽的禮俗，薑代表「山珍」，鹽則象徵「海味」。除了這兩樣山珍海味，南部人在拜拜時也常供奉空心菜，這做法可就有意思了，箇中大有弦外之音。

原來，由於中元節拜的並不是正神，供的亦非佛，而是「好兄弟」，空心菜因其「無心」，而成爲一部分南部鄉親中元普渡必備的供品，祭拜者是想藉此委婉地表達「無心留客」之意，各位好兄弟享用之後，麻煩請回吧。

哈哈，按這道理，我以後要是請朋友來家裡便飯，可千萬不能以空心菜來饗客了。

子薑肉絲

子薑肉絲

材料

豬後腿肉絲、嫩薑絲、蔥段、紅辣椒絲、醬油、太白粉、米酒或紹興酒、鹽少許

做法

1 肉絲加一點醬油、太白粉和酒，抓勻，醃半小時左右。

2 燒熱鍋子，加油，把肉絲炒到顏色變白，約七分熟，撈出。

3 鍋中留一點剛才炒肉的油，加進薑、蔥和辣椒，炒香後，肉絲回鍋，加少許鹽，噴一點醬油和酒，拌炒一分鐘即成。

同場加映：

可用差不多一樣的做法炒牛肉絲。喜歡較重口味的，可以在肉已撈起，下薑、蔥和辣椒前，先加一匙豆瓣醬炒香，其他步驟不變。不過請注意，豆瓣醬頗鹹，醬油和鹽的分量需減少。

颱風來了

氣象預報，輕颱將至，趁著上午風還不大，天氣也不太熱，撐著陽傘走去華山基金會的回收站，捐了一包狀況還好的二手衣物。

走出回收站，街頭陽光依舊，偶有稀稀疏疏的雨絲飄落，陽傘這下子既可遮陽又能蔽雨。

回家路上，拐至主婦聯盟消費合作社，一如預料，生鮮蔬果銷售一空。

店長說：「妳來得太晚了，今早一開門，所有冷藏蔬菜就被搶光了。」

沒關係，我也沒特別要買什麼，就只是來晃晃，看個兩眼，家中冷凍櫃還等著我騰空間哩。至於葉菜類農產，冷藏庫裡尚有一點存貨，就算吃光了，隔個幾天待菜價平穩了再說，大不了改吃冷凍蔬菜。

幾天不吃新鮮青菜，一樣可以好好過日子。

其實，每回颱風過後的頭幾天，我甚至會刻意減少購買葉菜類的農產。傳統市場販售的青蔬，由於多半採慣行農法種植，更是暫時少碰為妙，就怕有些農民在颱風將至時，為減少風災損失，不等施作農藥的停藥期已滿，便提前搶收農作，供應災後數日所需。在這段青黃不接的時期，買菜的人多花點錢買漲價的蔬菜是小事，不小心吃下殘餘的農藥，可就太讓人身心俱傷了。

合作社已無蔬菜存貨，黃豆類食品倒還有一些，反正我本來就是個「黃豆控」，特別愛吃豆製品，於是開開心心地拎著豆漿、原味豆干和店裡最後一盒黃豆芽，走出店門。

這才察覺，大雨如注，颱風來了。

食譜 燜炒黃豆芽

材料

黃豆芽一盒（約 300 公克）、花椒、蔥段、辣椒絲、醬油、鹽和糖各少許、米酒或紹興酒

做法

1 黃豆芽去不去鬚根隨你，不怕麻煩就摘，樣子和口感都好一點。怕麻煩的話，就算了。

2 燒開一鍋水，黃豆芽入鍋汆燙約半分鐘，撈起，瀝乾。

3 起油鍋，加進十幾粒花椒，傳出香味後，撈出丟棄。

4 蔥段下鍋，略炒香，加進燙好的黃豆芽炒軟，加醬油、鹽、糖，嗆一點酒，加辣椒絲，拌炒。蓋上鍋蓋，燜到豆芽入味即成，熱吃冷食都好。

註 其實，我往往一炒就是一斤六百公克，將近一半當天吃完，其他的分成兩小盒，一小盒當開胃涼菜，另一小盒可充作拌涼麵的菜碼。

又，如果省略炸花椒的步驟，而且不加辣椒，味道就會很像從前江浙館子裡常有的盆頭菜——「油燜黃豆芽」，也就是「鼎泰豐」的寧式黃豆芽。

夏日，如何煮飯而不流汗

截稿日，關在冷氣房中伏案一下午，總算趕在暮色四合前，把稿子給趕完了。走進廚房，故意不關門，想讓冷氣沿著走道流進廚房，立刻扭開電風扇，打開冰箱，給自己倒了一杯清涼的粉紅葡萄酒，隨手按下 CD 唱盤開關，開始一邊聽音樂、喝小酒，一邊備料。

早就預期今天會忙到沒有很多時間做菜，所以昨夜臨睡前，便將冷凍庫裡的金目鱸移到冷藏室，讓魚慢慢解凍。

今晚，要做歐式烤魚。

酷暑三伏日，我常做這道略帶地中海風味的魚餚，一來是天氣炎熱，紅燒肉或煎牛排等油膩的菜色吞不下，二來還是因爲暑氣難耐，讓人無法久立爐前，揮汗炒菜。這道西班牙辣香腸烤魚，不必開火爐炊煮，備好料後，只消將魚啦，香腸啦等各種材料堆在烤盤上或烤皿中，然後整個塞進烤箱，轉好定時開關，接下來，煮婦就沒事了。

這時，大可以躲回有空調的房間，看書、上網或聽音樂，待烤箱鈴聲叮咚一響，再好整以暇地回到悶熱的廚房，戴上耐熱手套，自烤箱取出烤魚，直接端上餐桌。

只有菜，沒有主食，怕吃不飽，那簡單，切上半條長棍麵包佐餐便可。倘若屬於沒吃到米飯就覺得身心皆空虛的「飯桶」族群，索性用電鍋煮上一鍋胚芽米飯，西菜東食大混搭。

天一熱，就發現有烤箱的好處，如此輕鬆做好一頓晚餐，沒流一滴汗。

歐式蛤蜊香腸烤魚

材料

鮮魚一條、洋蔥絲、檸檬片、切片的西班牙辣腸（chorizo）或薩拉米香腸（salami）、蛤蜊十幾粒（海瓜子或山瓜子亦可）、小番茄（若用大番茄，需去皮切塊）、酸豆（即續隨子花蕾，capers）、白葡萄酒、橄欖油、鹽和胡椒、新鮮或乾燥的百里香和歐芹

做法

1 蛤蜊浸泡於鹽水中吐沙約 20 分鐘。烤箱設定攝氏 200 度，預熱。
2 耐熱的烤盤或烤皿抹一層薄油，洋蔥絲置於盤面。
3 在魚身上橫劃三刀，置於洋蔥絲上，魚身切口內夾一片檸檬片和西班牙風味辣腸片，魚肚子裡也塞兩片檸檬。
4 將剩餘的辣腸片、吐過沙的蛤蜊、小番茄（或番茄塊）和酸豆，統統堆在魚旁，淋一點白葡萄酒和橄欖油，撒少許鹽和胡椒，特別留心，別加太多的鹽，因為蛤蜊和辣腸本身已有鹹味。
5 這裡那裡撒百里香和歐芹，進烤箱烤了 10 分鐘後，將溫度轉為 180 度，再烤 20-25 分鐘，待魚皮略焦黃且魚肉可用叉子或筷子輕易穿透即可。

註 這道菜可用整條鱸魚、加納、赤鯮、馬頭魚、石狗公或紅條，也可用切片的白肉魚，好比鮟鱇魚、大比目魚（即台灣俗稱的扁鱈或鱈魚），甚或台灣鯛（吳郭魚片）皆可，請注意，不宜用鯖魚和竹筴魚等亮皮魚或鮭魚，味道太重。

請注意，魚排或魚片較易熟，烹調時間需縮短，大約 20 分鐘就可以。

變化做法

沒有烤箱怎麼辦？

那就做蛤蜊香腸煨魚吧。

用一點鹽和檸檬汁（或白葡萄酒）醃魚約 10 分鐘，在鑄鐵鍋或耐直火烹飪的砂鍋底鋪洋蔥片和蒜片，把醃好的魚置於其上，旁邊圍小番茄、香腸片、酸豆（或黑橄欖），扔幾枝百里香進鍋中，撒鹽和胡椒，淋橄欖油和白葡萄酒或開水，稍淹過魚面，開大火，煮至湯汁滾了，給魚翻個面，或不時舀取湯汁，澆在魚朝上的一面，加進已吐過沙的蛤蜊，轉中火，加蓋再煮 8-10 分鐘，煮至蛤蜊開且魚熟透了，撒一點歐芹添色增香，上桌。宜佐米飯或北非風味的「庫斯庫斯」（couscous），也可以來點麵包蘸取湯汁。

同場加映：

如果喜歡菜餚湯湯水水，可改做砂鍋燜烤魚，把洋蔥絲鋪在有蓋的耐熱烤皿或赤陶砂鍋（須先泡水半小時）底，丟三、四粒剝皮的蒜瓣，把用檸檬汁和鹽醃了十分鐘的鱸魚（加納和赤鯮亦可）擺上去，魚腹中塞百里香、歐芹和檸檬片，旁邊圍小番茄、馬鈴薯丁和酸豆或黑橄欖，加幾枝百里香和奧勒岡香草（披薩草），再撒鹽和胡椒，淋一匙橄欖油和一點白葡萄酒。加蓋，進未預熱的冷烤箱，轉 200 度烤 60 分鐘左右。

逐臭之夫在我家

我闔上通往飯廳的門，打開朝向陽台的門窗，揿下風扇的按鈕，準備燒飯。暑氣逼人，食慾不振，需要重口味來刺激胃口，今天除了不費事的涼拌黃瓜和滷牛腱外，還要炒個特別下飯的菜。

切好菜，起了油鍋，正在做菜時，約柏打開廚房門，探頭探腦，「哇，這『香』味也太濃了，我隔著房門都聞到了，傳到隔壁鄰居家，說不定以爲我們家發生了什麼事。」

他是在講反話，假裝大驚小怪，我也就配合一下，扮出快被薰昏的表情，隨即揮手趕他出廚房，一邊說：「少廢話，快關門，不然等一下整間房子都是臭豆腐的氣味。」

每回跟人說起丈夫愛吃臭豆腐，大夥都一副不可置信的模樣，敢吃這一味的「老外」原就不多，更不乏有人嫌惡它聞起來簡直像「雞屎」。約柏不但敢吃臭豆腐，甚且愛吃到不時主動「點菜」，這樣的「逐臭之夫」或是鳳毛麟角。

說起約柏這傢伙，他的個性其實一板一眼，頗具科學家一絲不苟、實事求是的作風，有時難免有點固執。相形之下，我就顯得散漫又隨興，按我的說法，這叫「做人有彈性」，他卻認爲那是「隨隨便便、馬馬虎虎」；總之兩人行事風格大相逕庭，但因爲多少互補，也就這麼相安無事地相處了十多年。

一東一西的夫妻倆可以「兜陣」許久，還有個重點：約柏對不

少事情雖少了一點彈性，飲食口味卻十分開放，對各種「異食」躍躍欲試，什麼臭豆腐、豬大腸、牛肚、鴨血，他都吃得津津有味。截至目前，我常做的中式菜餚中，他只有對魚頭敬謝不敏，說是討厭吃飯時那死魚眼睛老盯著他看。

這一餐，我用臭豆腐炒他所謂的「不辣的辣椒」，也就是夏秋盛產的糯米椒。這是我從荷蘭回台定居以後才熟悉的食材，也是我們夫妻倆都熱愛的新蔬菜，這一個夏天，我就不知炒了多少回。

記得頭一回買到鮮脆不辣的青色糯米椒，是在瑞安街的「我愛你學田」市集，本想按西班牙做法，把個頭較小的蘸麵粉和玉米粗粉油炸，當成下酒小菜。可夏日吃油炸物到底太燥，又想起小吃店常有

「辣椒小魚豆干」這道小菜，裡頭的配料就有香而不辣的糯米椒，臨下廚前遂改變主意，用非基改豆干、兩根辣椒和豆豉，炒了一大盤。原以爲會剩下一點給下一頓佐粥吃，結果兩人吃得欲罷不能，盤底朝天，眞過癮。隔幾天，又在主婦聯盟消費合作社看到糯米椒，這一回換個花樣，不炒豆干，隨手拿一包臭豆腐試試看，這個和糯米椒應該合得來，結果，男主人說，炒臭豆腐比炒豆干更好吃。這道說不出是香還是臭的熱炒，從此就成了本廚娘的「招牌菜」。

家中有逐臭之夫，另一半不挑嘴，算來也是愛燒菜的煮婦的福氣。

食譜 香干糯米椒

材料

豆干適量或臭豆腐三塊、糯米椒約半斤（250 公克）、丁香魚乾一湯匙、花椒、蒜末、蔥段、豆豉、辣豆瓣醬、紅辣椒 1-2 根、米酒或紹興酒、醬油、鹽

做法

1 糯米椒去蒂、切段，紅辣椒切片。先將臭豆腐用約一個指節高的油半煎半炸（所謂淺炸）至略金黃，撈起瀝油。

2 鍋中留少許油，爆香花椒後，撈出花椒，下蒜末、蔥段和丁香魚略炒，加豆豉和辣豆瓣醬。

3 糯米椒和紅辣椒下鍋炒至稍軟，加進煎炸好的臭豆腐，嗆一點酒再炒幾下，從鍋邊淋少許醬油，拌勻，嚐嚐鹹淡，不夠鹹才加鹽。起鍋。

變化做法

倘若非逐臭之夫，不愛臭豆腐，同法可改炒豆干、切片的水煮蛋或切成小塊的荷包蛋，都很下飯。

五月 食瓜過夏

近來天亮得早，起床也就特別早，索性披上薄外套，出門逛早市。去市場的路上有家不錯的小店，豆漿夠濃，燒餅也香，今天的早點就在這裡吃了。

熱騰騰的豆漿慢慢喝，剛出爐的蔥燒餅大口咬下，徐徐咀嚼，吃飽喝足，額頭早已冒出細細的汗珠，針織外套這下子穿不住，脫下來搭在肩頭，晃晃悠悠上菜場。陽光照在裸露的肌膚上，微熱。

暮春時分，五月將至，馬上就要立夏，夏天快來了。

按中醫說法，立夏養生，首重養心，宜多食各種豆類、豆製品和瘦肉。營養學家也說，由於天氣越來越濕熱，這時應攝取低脂、多纖維的蔬果，尤其是各種可生津袪濕的當令瓜類，好比西瓜、黃瓜、絲瓜和冬瓜。

至於油炸、辛辣、燒烤食品，中西醫都同意，春夏兩季少吃爲妙。瞧我這一大早不就乖乖地喝了豆漿，儘管嘴饞，終究忍住那股饞勁，沒敢吃油條。燒餅嘛，連這也不給吃，太虐待人了。

一進菜場，直奔熟悉的菜攤，請賣菜大嬸切一截冬瓜給我。「內行，冬瓜開始當令了，夏天的冬瓜最好吃，又清火。」大嬸一邊切瓜一邊說，「妳是不是要煮冬瓜湯？那就得送妳薑，薑和冬瓜味道最搭了。」說著說著，塞了一截嫩薑到袋裡。

大嬸猜對了，我正打算燉冬瓜排骨薏仁湯；冬瓜和薏仁都清熱利尿，春夏食之，養生又美味。

一到夏天，我就愛喝冬瓜湯，這習慣想來承自母親。

先母愛吃冬瓜，每年一到春夏之交，冬瓜便開始出現在我家餐桌。隨著天氣變熱，冬瓜露面的次數也越加頻繁。經常簡單地清炒，只撒薑絲，連蔥都不加，食其淡雅原味。偶爾變化一下，讓它多一點滋味，就添蛤蜊或蝦皮燴煮一會兒，數量不必多，蛤蜊加個十來顆、蝦皮來上一撮，何庸加味精，這樣就夠「鮮」了。

當然還有冬瓜湯。要是請客，就做冬瓜盅，取結實的瓜，一大段挖去籽成盅，注入高湯，下雞肉、香菇、草菇、筍片等隔水蒸透，一整盅端上桌，品相大器，湯清味鮮。可這湯做來費事，家常過日子哪有那工夫？遂將一小截冬瓜削皮，切塊或切片加高湯煮，通常還會添一點火腿、泡過的蝦米或蒸軟撕成絲的瑤柱增加鮮味，總之看家中正巧有什麼乾貨，就加什麼。再不就燉排骨湯，只是這得先把排骨燉爛了才能加冬瓜，煮至瓜剛軟就熄火，以免不耐久煮的冬瓜潰不成形。

小時候納悶，為何冬瓜明明是「冬」瓜，我們卻總在夏季猛吃這冬天的瓜。有一天桌上又有冬瓜，疑問又上心頭。經我一問，父親答稱，那是因為冬瓜外皮上有一層白粉，像冬季時結的霜，故名冬瓜。愛吃冬瓜的母親聽了卻說，哎呀，那白白的東西不是粉也不是霜，是蠟質，整顆的冬瓜有了這一層蠟保護，可以儲存很久，越冬也不壞，所以叫冬瓜。

還記得父親聽了母親的話，並未因為人夫、為人父的「尊嚴」受損而惱怒，反而笑咪咪地瞧著她，輕鬆地說：「原來白霜不是粉不是

霜，而是蠟啊。無論如何，冬瓜可以去火氣，夏天吃冬瓜最好了。」

我的母親在師範學校剛畢業，年方十九時，就嫁給隻身來台的父親。據說，當年父親對青春正盛的母親是一見鍾情，兩人自交往到成家、生兒育女，他一直像對待小妹妹那般，百般嬌寵小了他十四歲的母親。

Sars肆虐那一年，夏至過後五天，母親病逝，得年不過六十五歲。由於事情來得突然，我們全家都難以接受，特別是一向樂天的父親，甚且患上輕微的憂鬱症，變得沉默寡言。老人家原本愛好美食，那段日子卻常說沒胃口，平常愛吃的那些濃油赤醬的菜色，都嫌太膩，吃不下。

有天晚上，就我和父親兩人吃飯。我煮了冬瓜蛤蜊湯，想說這湯清爽不油，或能給他開開胃，卻沒料到湯一上桌，父親就開始掉淚，哽咽地說：「妳媽媽最愛喝冬瓜湯，可是她再也吃不到了。」直到那一刻，我才真的明白父親對母親的愛有多深，情有多濃，他的心又有多痛。

如今，父親也已飛天，或已和母親在某個角落重逢。但不知他是否還像以前那樣，呵護疼愛與他相伴四十多年的那位小妹妹？

六月　好不好吃，身體知道

帶洋夫婿逛夜市，點了筒仔米糕給他嚐嚐。他吃了一口說還不錯，味道有點熟悉，像是「月亮節」吃的那個東西。

這筒仔米糕跟中秋月餅有啥關係？天淵地壤之別吧？我暗自思忖，還來不及開口提問，這位仁兄又說，「不過，月亮節的食物外面包著一層不能吃的東西，而且餡是包在飯裡頭，這個餡在飯上頭。」

我恍然大悟，索性給這位荷蘭先生上一堂傳統民俗課，告訴他，「那個東西」呢，和月亮節八竿子打不著邊，是端午節吃的粽子。月亮節又稱中秋節，換言之是秋季的節日，端午則是夏天的節日，俗話說：「未食五月粽，破裘不可送」，意指一過端午，天氣就不再像春季那樣忽冷忽熱，只會更炎熱，冬衣可以收起來了。

說著說著，不由得納悶，今年的端午是何時？馬上打開手機的應用程式，查個明白。從端午又聯想到芒種節氣，記得端午經常在芒種前後，而芒種總落在陽曆六月五日至七日交節；眼睛順著手機螢幕往下瞥，六月六日是芒種。

芒種是夏至前最後一個節氣，我曾經以爲芒種之所以有「芒」字，是因爲這正是芒果開始上市之時，後來才明白是我誤會了。這裡的芒指的是大麥、小麥等有芒作物開始成熟，將要收割的季節，也是稻米忙著播種的時分，所以也有人說芒種其實含有「忙種」的寓意。

芒也好，忙也好，總之，一過芒種節氣，夏天便結結實實、火

火熱熱地來了。

從芒種前一直到夏至後是梅雨季節，長江中下游流域大約是六月中到七月中，台灣緯度較南，五月中至六月中便爲梅雨所苦。黃梅天氣溫高，霪雨不斷，到處濕答答，一到這時節，我能不出門就不出門，書房裡除濕機一開就大半天。

室內的濕度可靠除濕機或空調來調節，體內的濕氣卻是機器去除不了的，於是泡了綠豆，洗了米，煮一鍋綠豆稀飯，讓綠豆來替我進行體內除濕。

這是我習自娘家、奉行多年的夏季食療方子。母親在世時，一到夏天胃口不好，就會熬鍋綠豆稀飯，待粥稍涼，溫溫的就著一小碟豆豉炒苦瓜或涼拌粉皮黃瓜，吃得津津有味，她說這可比什麼都開胃。

小時候，一到夏天，家裡冰箱還常備著綠豆湯，有時裡頭還摻了熬爛的薏仁。暑假時，午後昏昏欲睡，母親開了冷氣讓我們睡個小覺，午寐醒來，常已是午後三點多，母親見我和弟弟起床，就吩咐我們先去洗洗手，再到飯廳喝綠豆湯。我抗議說，剛睡起來口好渴，而且這天氣熱死人了，我比較想喝杯檸檬汽水加冰塊，不然來根冰棒或雪糕吧。母親卻不肯，說那些東西吃著冰涼，喝著痛快，卻沒什麼營養，不但不能解渴，還容易上火，想消暑，還是喝碗冰糖綠豆湯。

如今想想，母親其實有古人的飲食智慧——雖然她自己未必明白這一點。台灣的夏天濕度大，又常有午後雷雨，淋了雨後若馬上吹冷氣，一不小心就會感冒、頭痛、流鼻涕。這種夏季感冒，又稱熱傷風，按中醫說法，天氣濕熱時宜多吃一點清熱利濕的食品，有助於預防熱傷風，而母親夏季嗜食的綠豆、薏仁、苦瓜、冬瓜和黃瓜，統統都具有清熱生津或祛濕之效。

我問過母親爲何一到夏天就愛吃這些，是不是因爲食療的緣故。她卻回答：「哪是什麼食療？天氣一熱，眼睛看到紅燒肉、炸排骨什麼的，就覺得好油膩、不好吃，根本提不起食慾，嘴裡只想吃一點清淡的東西。」

母親說得也對，就算並不精通古老的食療養生之道，也可以學習專注聆聽身體的提示，食物好不好吃，該不該吃，身體往往知道，而且會誠實地告訴你。

七月 三伏酷暑養生粥

難得週末沒睡懶覺，七點多就起床了，拉開窗簾抬頭一看，眼前是地中海式晴朗無雲、明亮湛藍的天空。好天氣給人好心情，丈夫興致勃勃，提議把早飯開在陽台上，更自告奮勇，要去街上買新出爐的可頌麵包。

我說外頭熱呢，別麻煩了，昨天還剩了半根長棍麵包，熱一熱就好。他卻堅持要去，想來是饞癮犯了，擋不住。也罷，就讓他跑腿去。

這位荷蘭老兄動作挺快，咖啡才剛煮好，他就回家了，邊進門邊嚷嚷：「我的天，熱到不行，我一身汗，上衣都濕了，我得先去換件衣服。」

瞧，這就是不聽勸的結果。不過，這也怪不得他，畢竟我們從涼爽的低地國搬來我的家鄉不很久，丈夫尚未充分領略亞熱帶島嶼炎夏之威。這會兒節氣還沒到小暑，待小暑來臨，三伏日緊跟其後，氣溫只會升不會降，那才真叫做酷暑。到那時，除非必要，否則絕不讓他頂著驕陽出門。

三伏，是熱氣伏藏於地表之日，也是人體陽氣最旺的時候。這時人難免胃口不開，食慾不振。中國北方有「頭伏餃子二伏麵，三伏烙餅攤雞蛋」的說法，炎夏苦長，這幾樣麵食不但做起來比四菜一湯省事，而且吃來相對清爽，確能引起食慾。

然而台灣地處亞熱帶，以米爲主食，三伏天裡，咱不講究吃麵也不時興吃餃子；天熱吃不下飯，我們以粥養生。

最常見的或是綠豆粥，我家稱之爲綠豆稀飯；綠豆清熱祛濕，是夏季涼補聖品，熬粥時除了基本的綠豆和白米外，還可添加薏仁，增強消除水腫的療效。放一點南瓜也不錯，一來夏季宜食瓜，二來南瓜味甘，綠豆南瓜粥不必加糖味已甜，放涼了吃，是清爽的早點和下午點心。

記得小時到阿嬤家過暑假，除了綠豆稀飯外，阿嬤還常做筍絲蚵仔糜當午飯，這也是我最愛吃的夏季鹹糜。阿嬤平日煮粥，講究一碗粳米兌七到八碗水，從生米開始煮起，這道鹹糜卻是例外，雖曰糜，卻更像米粒軟一點的湯飯，得用熟飯來做。

阿嬤總是先爆香蔥花，再炒肉絲和筍絲，然後加水和白飯煮開，等個三分鐘便下洗淨的蚵仔，待湯再滾，蚵肉熟了，加鹽調味，撒下芹菜珠，便連鍋一起端上桌，各人想吃多少就舀多少到自己碗裡。至今都還記得，不論天氣有多麼熱，我再怎麼沒胃口，只要阿嬤一煮筍絲蚵仔糜，我起碼可以吃上兩碗。

說到夏季的粥，也想起我婚前那一年的夏末，有一晚到朋友家作客，這位朋友愛好文藝，寫得一手好書法，也畫花鳥，尤其愛畫荷花，也就是出淤泥而不染的蓮花，還在自家露台上種了好幾缸。

那時正是蓮花盛開的季節，晚飯也以蓮爲主題，準備幾道以蓮子和蓮藕爲食材的菜餚，一開始的幾盤小菜中有梅汁拌藕片，酸中帶甜，爽脆可口；中間上了幾道熱菜，當中的香煎藕餅算是貫穿主題的

串場菜餚，最後則以蓮子排骨山藥湯為這一席蓮宴收尾。碗筷撤下，男主人說，還有甜品。我心想，不是蓮子湯，就是糯米藕吧。

怎料，端上桌的竟是一盅荷葉，盛在白瓷大湯碗中。女主人將頂上覆蓋的荷葉掀開，帶著些微青草氣息的清香味撲鼻而來，碗裡也鋪著用水汆燙過的翠綠荷葉，葉間是粥，粥色微綠，裡頭有蓮子，頂上飄著紅枸杞，原來是我風聞已久，卻始終無緣一嚐的冰糖蓮子荷葉粥。

喝完荷葉粥後不久，我就移居歐洲，別說荷葉粥了，那裡的洋人根本就不吃稀飯，這會兒我已有十多年沒再看過、嚐過這一味雅致的粥品。

酷暑三伏日，也許我該選個一天試做荷葉粥，說不定能讓我那位一大早愛喝黑咖啡、吃奶油可頌的洋夫婿，沾一點東方文化的風雅氣息。

Part. 3

秋饌

秋栗飄香

行經人潮洶湧的購物街，空氣中彌漫著一股馥郁甜香的氣味，我駐足東張西望，看不見那香氣的來源。往前又走幾步，過轉角，拐了彎，騎樓下有位壯碩的中年攤販大叔，正奮力攪動著他面前的一口大鑊，鑊中可不就是糖炒栗子嗎？

儘管天未寒涼，氣溫仍有二十幾度，我嗅聞著這熟悉的香味，卻確切地感到，苦夏總算過去，秋天來了。

抵擋不了那甜香的誘惑，買了一小袋，捂在手裡，掌心熱熱的。

回到家，泡了一壺蜜香紅茶，夫妻倆相對而坐，邊喝茶邊剝栗子，剝一顆吃一顆，不一會兒就把香噴噴的栗子吃個精光，一方面意猶未盡，另一方面卻也慶幸方才有所節制，沒敢買太多，要不然，肯定買多少吃多少。須知栗子固然美味，可一口氣吃太多，會脹氣的。

話雖如此，緊接著一個星期，卻一連煮了兩回砂鍋栗子飯。

淺嚐秋栗後的那個週末，逛菜場時看到常去的菜攤上，有一包包已剝殼的栗子，金黃飽滿。

「大陸來的嗎？」我問相熟的菜販。

「不，這是本島產的，嘉義那裡山上種的，季節限定哦，過了十月就沒了。」

印象中，栗樹是耐寒的溫帶植物，還僑居荷蘭時，每逢秋季，森林間的栗樹便結滿一顆顆長著尖刺、形似刺蝟的果子。刺果成熟墜地，黃綠色的皮綻開，露出裡頭幾顆深褐色的堅果，那便是人們愛吃的栗子。殊不知亞熱帶的台灣居然也生產栗子，想來是山區氣候較溫和之故。

既然是本地貨色，又是季節限定，應該特別新鮮，欣然買了一包。本來打算做栗子紅燒肉，可走在回家的路上，不知怎的，想起多年前楓紅季節，和閨蜜結伴遊京都時，曾在日式料理旅館吃到栗子飯，那是日本秋季才有的旬味，清香淡雅，讓人吃在嘴裡，油然而生惜秋之心。

一思及，就嘴饞。一來很想重溫舊味，再來紅燒肉固然好吃，可濃油赤醬多少會掩蓋栗香，可惜了這難得買到的本地鮮栗，晚上索性來試做和風栗子飯，做法應該不會太難。

一不做二不休，我刻意捨方便簡事的電鍋不用，從櫥櫃中掏出小砂鍋，打算用它來煲飯，這可比電鍋別致多了。我的這口小砂鍋可以煮一杯半的米，約莫兩碗半白飯再多一點，咱家就兩口人，這分量恰恰好。

自冰箱取出「出汁」，亦即是日式柴魚昆布高湯（做法參見第一二三頁），加上一點點的醬油、味醂和米酒，用這湯汁取代清水浸泡白米。就這樣泡了快一個小時，待白米吸飽了高湯，才把栗子攪進鍋中。

我在網上找到的食譜說，三杯米配二十顆左右的栗子，折算起來一杯米配七顆，太少了，哪裡夠？於是一整包栗子都倒進砂鍋中，應該有十幾顆吧。

趁著栗飯在爐上燜煮著，隨手做了三菜一湯：淺鹽漬過的鯖魚，抹上薄薄的橄欖油，塞進預熱爲 180 度的烤箱，一烤了事；油豆

腐加醬油、味醂、高湯和蔥段滷煮入味；冰箱蔬果櫃中有燒菜剩下的零星豆莢、甜椒和鮮香菇，就合起來炒成一盤，起鍋前撒一大匙「三尺堂」酥麻辣渣調味。湯呢，也用同樣的出汁，加金針菇、海帶芽和一小撮薑絲，很快煮好一小鍋具有日本風味的清湯。

這一頓和風秋膳容或不夠正宗，咱夫婦倆仍吃得齒頰生香，只因我們嚐到了秋天的味道。

有興致的話，不妨也來煮鍋栗子飯，呼應人間秋意濃。

砂鍋栗子飯

砂鍋栗子飯

材料

洗過淘好的白米 1.2 杯、剝殼鮮栗子（多少顆隨你）、日式高湯 1.2 杯再多一點、醬油、味醂、米酒或清酒

做法

1 白米置於砂鍋中，倒入混合了醬油、味醂和酒的高湯，靜置備用。天冷約泡一小時，天熱，泡 30-40 分鐘也就夠了。

2 栗子加進砂鍋中，砂鍋不加蓋，置於爐火上，中大火煮到湯滾了，轉中小火，煮至水分快被吸乾，米面出現一個個小洞時，加鍋蓋，轉文火煮 15 分鐘左右，熄火，別急著掀蓋，再燜 15-20 分鐘即成。

註 此法煮好的栗子飯，栗子比較硬，如果喜歡吃鬆軟的口感，可先將栗子蒸或煮至半熟才加進泡過的生米中，或將生栗一顆切成兩三塊，再摻入生米中。另外，當然也可以用電鍋和電子鍋來煮栗子飯，較省事，但這麼一來就沒有帶點焦香的鍋巴可吃了。

秋天滑下肚

早餐來了碗銀耳枸杞桂圓湯。

秋季的天氣一般比較乾，雖說這兩天下起了雨，但細雨一時滋潤不了大地。天乾地燥時，我就愛吃潤肺的銀耳，燉得軟軟的，不必費力咀嚼便滑進肚子裡。

前兩天赴外地演講，由於場地較大，我擔心大夥兒聽不清楚，咬字發聲特別用力，似乎傷了聲帶。回台北的路上，置身於乾燥的高鐵車廂內，喉嚨開始怪怪的，像是有什麼哽在喉間，嚥不下也吐不出。到了夜裡，睡夢中隱約感到喉嚨有點痛，半夜醒來，心想，哎呀，果然「鎖喉」了。沒關係，以前也碰過這種情形，休息一兩天，少講點話，就會沒事。

怎料第二天一起床，喉嚨不痛了，卻咳了起來，「酷酷嗽」個不停，難道是感冒了？感冒沒有特效藥，只能多休息，好好保養。

結果，休息了兩天，少開口，不吃酸辣之物，慢慢便不咳了。好在並不是傷風感冒，真要染上感冒，那可得拖上好一陣子。慶幸之餘，越益覺得該防患未然，給自己補補身子，於是燉了這一鍋養生甜湯。

銀耳、枸杞和桂圓乾統統是我喜愛的食材，家中常備，其中銀耳潤肺，枸杞安神，桂圓乾則養心補血，只是吃太多會「上火」，但我實在喜歡，就任性地加了一點，意思意思。我知道一般做法還會加點紅棗，家中不巧沒有存貨，又懶得爲此出門採買，加上我對紅棗之味並無偏好，就省略不加。

我的銀耳和枸杞購自主婦聯盟消費合作社，雖不見得是台灣土產，但貨源和品質經過監督、掌控，吃起來還是比較安心。桂圓乾（龍眼乾）則是前一陣子去老街晃蕩，行經「大稻埕 259」農學園時順便買的。一盒足足有一台斤（六百公克）重，來自台南東山，由於採古法柴燒燻焙，有股天然的煙燻味，特別香甜，我不時揪下一小坨來煮福圓茶，也就是桂圓湯，沒多久便吃掉了大半盒，心裡覺得該節制，可是一到漸有寒意的晚上，犯饞想喝點甜甜的東西時，卻又忍不住去挖一匙。

這會兒身體微恙，早午晚各食一碗養生桂圓銀耳湯，名正言順。

順帶講一句，在迪化街一段 259 號的這家農學園，販賣小農新鮮農產，有果菜魚肉、醬料和果醋等調味品，是家庭煮夫煮婦「敗家」的理想去處。

銀耳枸杞桂圓湯

材料

銀耳 4-5 朵、桂圓乾一大匙、枸杞一大匙、冰糖

做法

1 銀耳用清水泡軟，摘除黃色的蒂頭，撕成小片；枸杞漂洗一下，瀝去多餘水分。
2 鍋中置銀耳，加水蓋過，大火煮滾後加進桂圓，待湯水沸騰時，轉文火燉煮一小時左右。
3 加進枸杞，續燉約 15 分鐘，加冰糖調味，再煮幾分鐘，這時銀耳應已軟爛，湯汁質地略稠。

註 喜歡更濃稠的湯，就加長文火燉煮銀耳的時間，以釋放更多的膠質。此湯冷食熱吃皆宜。

變化做法

喜歡紅棗的話，可以丟個十幾二十顆下鍋一起煮；倘若碰到蓮子產季，加點新鮮蓮子同燉亦美味。

台灣廚房裡的義大利青醬

九層塔正當令，鼓鼓的一大袋，還是有機種植的，無農藥，四個十元硬幣有得找，價錢這麼好，讓精打細算的煮婦怎能不心動？那就買一袋吧，可以炒蛤蜊、煮三杯雞或燒茄子。

然而這麼大的一袋，一餐哪用得完，九層塔又不耐久藏……已伸出的右手縮了回來。

考慮了一會兒，靈機一動，索性多費點工夫，來做義大利風味的熱內亞風青醬（pesto genovese），這個可以冷藏一陣子，分幾頓吃，於是又朝著蔬果陳列架伸出手。

回到家，抓了一大捧連梗帶葉的九層塔，稍加沖洗，用洗蔬菜的 salad spinner（沙拉脫水器）甩乾葉上的水珠。跟著打開廚房裡的小音響，一邊聽普契尼的歌劇咏嘆調，一邊整理菜葉。

太老的梗，折斷了不要；頂端已冒出頭的花蕾也需摘除，不過這個倒不必丟棄，可以用沾了一點水的紙巾包起來，裝進密封盒中，置冰箱保鮮，明天來拌進生菜沙拉裡。九層塔的花蕾和番茄的味道挺搭的。

舀出兩匙松子，放進乾鍋中半烘半炒一會兒，烤過的松子比較香。松子稍一變黃，立刻剷起，置盤上，再烘下去就要焦掉了，松子的餘溫自然會令表面色澤更深更好看。

隨手取來三瓣蒜頭，這樣一（捧）「塔」二（匙）「松」三（瓣）「蒜」，再加上刨碎的義大利帕馬桑乾酪（parmigiano

reggiano）或帕達諾乾酪（grana pandano）、橄欖油和鹽，就可以做帶有本土味的義式青醬了，拿來拌義大利麵吃，味道比用義大利羅勒做的傳統青醬更濃烈。可別嫌它滋味不道地，我的義大利朋友L偏偏就愛吃九層塔青醬。他說，回義大利後，他愛吃多少「正宗」青醬就吃多少，但假如想再品嚐台灣風的青醬，那可就不容易了。

義大利人愛用的羅勒也好，台菜中常見的九層塔也好，皆爲唇形花羅勒屬，只是品種不同。這兩種芳香藥草算是植物界的親戚，相互取代，未嘗不可。前者的英文俗名叫做 sweet basil（甜羅勒），葉色稍淡，葉片較寬，除義大利菜外，普羅旺斯菜中也用得很多；後者葉片相對狹長，帶有較濃的八角味，英名爲 Thai basil（泰國羅勒），顧名思義，泰國烹飪常用，當地華人則沿用中國潮汕一帶的叫法，喚其「金不換」。

不知是不是爲了有所區隔，在台灣，用於西菜中的 sweet basil，大夥多半稱之爲羅勒，而用來製作中式和泰式菜餚的 Thai basil，如果也叫它羅勒，大夥難免覺得怪怪的：九層塔就九層塔，幹嘛冒充「舶來品」？

然而，眞要追究起來，羅勒之名其實並不那麼「洋」，反而相當「中國」，且是古老的中國，因爲早在一千多年前，羅勒之名便已見於中國古農書《齊民要術》中，歷史比九層塔更久遠。

午後，清風徐來，陽光透過窗紗斜照入屋，跳動的光線中全是九層塔混雜著蒜頭那馥郁卻又有點嗆鼻的香氣，害我嘴饞得很，一邊攪拌著青醬，不時就忍不住挖個半小匙嚐嚐味道。像這樣不斷地試嚐味，等醬做好時，我吃下去的量大概可以拌一碗麵還綽綽有餘吧。

食譜 熱內亞青醬

材料

一大把九層塔或羅勒的葉片、二湯匙略烘過的松子、剝皮蒜仁三瓣、橄欖油 100 毫升左右、義大利乾酪碎約兩湯匙、鹽、黑胡椒

做法

1 前三項材料用研磨機或食物處理機打碎。
2 橄欖油分幾次，一次一點點地加進做法 1 的碎末中，慢速打勻，倒出至碗中。
3 加進義大利乾酪碎、鹽和黑胡椒，攪勻成糊，裝進有蓋的玻璃罐或保鮮盒中，再多加一點橄欖油，讓油浮在表面，如此可防止青醬變色。每次取用時須以乾淨的湯匙舀取，以免發霉，一般可保存兩星期。

註 根據傳統做法，材料應以杵和臼搗碎，不可用攪拌機，以免材料感染到馬達的熱度，失去部分香氣。可我懶，遂用機器代勞。

延伸做法：

青醬最基本的用法，就是拿來拌麵。

在義大利，什麼醬拌什麼麵，有一定的講究，一般以為，最適合拿來拌青醬的，是 trenette 或 linguine，這兩種麵模樣相似，皆細長而扁，有點像台南「意麵」。按照熱內亞的食法，還得加上水煮四季豆和馬鈴薯。

從前，我很重視菜餚的「正統身分」，簡單講，就是做菜吃設法講求「道地」。

好比燉個東坡肉，拜託你別為了顏色好看，給我加進番茄醬，雖說加了也不致令人無法下嚥，但是假使有標榜為江浙菜的餐館這麼做，我吃了一次，以後就不會再上門。

眼下，不知是不是年紀漸長，人變得比較寬容（或鄉愿）了，對所謂正宗這件事，標準寬鬆了許多。去餐廳吃飯，就算做出來的飯菜，為迎合大眾口味，味道調整過了，只要大夥吃得津津有味，下肚的宮保雞丁、法式油封鴨、日本壽喜燒道地與否，似也不那麼重要了，人家到底是在做生意，怎可不顧慮到大多數顧客口味？再說，適口者珍，我之美食，說不定你之毒藥。於是，連帶在自家廚房，也就不再執著於「傳統做法」了。

就拿青醬來做菜這件事來講，我要嘛隨心所欲，要不就地取材，常常並沒有中規中矩地按純粹義式做法來烹飪。家裡恰好有什麼麵條，就用什麼。是以，在我的廚房，linguine（扁舌麵）、sphaghetti（直圓麵）、penne（筆管麵）、orecchiette（耳朵麵），統統都曾在不同的時候，被拿來拌青醬。

有時，甚至會在牛奶鍋裡熱鮮奶油，稍收乾後加進青醬，當成醬汁，淋在煎過的雞肉、鮭魚排或豬排上，撒些乾炒或烤過的松子，配義大利麵或馬鈴薯什麼的，再來份生菜沙拉或水煮四季豆，端上桌，中看又中吃。

食譜 青醬拌麵

材料

義大利麵（一人份 65-80 公克）、自製青醬、鹽、黑胡椒、乾炒或烘烤過的松子、羅勒或九層塔葉片（裝飾用）

做法

1 將一大鍋水煮開，煮 150 公克的麵需要約一公升半的水，以此類推，水開了就加進義大利麵，加半大匙鹽，等水又沸騰了，按麵包裝上建議的時間煮麵。請注意，時間應從再沸騰時算起。
2 將煮至彈牙的麵撈起，拌青醬，如果太乾，可加一點點煮麵水同拌。嚐嚐味道，酌加鹽和胡椒調味。
3 麵分裝至盤內，撒一點松子，加羅勒或九層塔葉片作裝飾。

食譜 青醬奶油雞肉

材料

去皮雞胸肉或去骨去皮雞腿肉、液態鮮奶油、自製青醬、乾炒或烘烤過的松子、鹽和黑胡椒、煮熟或蒸熟的馬鈴薯塊、橄欖油

做法

1 雞肉用刀背敲打，讓組織鬆軟。撒鹽和黑胡椒，用少許橄欖油兩面煎熟。
2 用另一口鍋，以中火煮鮮奶油，稍收乾便熄火，加青醬，撒一點鹽和胡椒，拌勻，即為醬汁。
3 雞肉置盤上，一旁放馬鈴薯塊，將醬汁淋於肉和薯塊上，撒松子。

青醬奶油雞肉

秋天的傍晚

秋天的傍晚，清風微涼，暖陽和煦，給大地鍍了一層金，這眞是一年當中最舒服的時節。

我和約柏坐在陽台上，各拿著自己的iPad。他在瀏覽荷蘭新聞，我在上臉書，兩人偶爾從螢幕上抬起頭來，啜一口清涼的啤酒或白葡萄酒，聊個兩句，交換一下在新聞網站或臉書上讀到的奇聞逸事，隨即又低頭「滑」起手裡那一方小螢幕。

陽光斜照，整條長巷漸漸地鋪上公寓大樓的陰影，我喝乾杯中殘酒，起身。

該做飯去了。

進了廚房，先開小音響，這會兒的心情和要燒的菜，都適合聽有點慵懶但不太頹廢、微微甜卻不太膩的聲音，好比說，Stacey Kent。音樂響起，我隨著〈One Note Samba〉的樂聲，設定烤箱的溫度，讓它預熱十分鐘，今晚要做烤雞。

昨晚臨睡前便將雞腿醃好，待會兒烤箱熱了，只需鋪在烤盤上，送進大烤箱，烤個三、四十分鐘，中途給雞腿翻一兩次面就可以。

一邊等候烤箱就緒，一邊來煮馬鈴薯。馬鈴薯削好皮，切滾刀塊，用冷水煮，水滾加一點鹽，轉小火，加鍋蓋，燜煮十幾分鐘後，不妨拿叉子戳刺薯塊，如果很容易就穿透，就表示馬鈴薯已熟透，可以熄火，瀝乾水分。前幾天做了義大利風味的松子青醬，還剩下一點，就拿來拌薯塊，多撒一點現磨胡椒，更香。

至於蔬菜，連煮都不必，吃什錦生菜沙拉得了。將生菜仔細洗乾淨，甩乾、撕碎，一古腦堆在沙拉碗裡，臨上桌前淋上義大利香脂黑醋、特級橄欖油，加一點點鹽，拌勻，滿滿一大盆，品相繽紛又大方。

今天的沙拉用了三種葉菜，外加番茄，都是在士東市場買的。那裡有好些菜攤，除了販售一般中菜常用的食材，還有不少洋餐才用得著的蔬菜，比方各種萵苣和近年來台灣人也愛上的義大利餐館常備食材——「芝麻菜」（義大利名 rucola）。其中有一攤，兩位年輕的攤主模樣不似一般攤販，文質彬彬，像是都會上班族。我好奇一問，兩人原本都從事設計工作，擺攤賣菜原是意外。他家的攤子收拾得乾乾淨淨，菜也擺得漂漂亮亮，因爲門面美，菜價也還合理，開張沒多久，就成了市場裡的熱門商家。

廚房裡彌漫著烤雞的香氣，馬鈴薯已煮熟，正在保溫。生菜和番茄也已擺盤，鬆鬆地覆蓋保鮮膜，放回冰箱。

我又倒了半杯葡萄酒，從書架上拿了一本新買的書，踱回陽台。這一回，不「滑」了，就著夕陽餘光讀小品散文，等待廚房裡的烤箱叮咚一響。到時，我要舀一匙青醬，拌進猶溫熱的薯塊中，並將外皮已烤得焦黃、香噴噴的雞腿取出烤箱，順便把生菜沙拉端上桌，和丈夫共享秋夜的西洋風家常晚餐。

蜂蜜檸檬烤雞腿

材料

四根棒棒腿或兩根大雞腿、一顆檸檬擠汁、一湯匙蜂蜜、兩小匙醬油、粗粒芥末醬適量、一瓣蒜泥、少許橄欖或葵花油、胡椒

做法

1 混合檸檬汁、蜂蜜、醬油、芥末、蒜泥、油和胡椒成醃汁。
2 雞腿肉上劃幾刀；用調好的醃汁塗抹雞腿，至少醃四小時，隔夜更好。
3 烤箱預熱至 180 度，烤架或烤盤上抹少許油，將雞腿置於其上，置於預熱好的烤箱中烤 30-40 分，中途翻面一兩次並再刷醃汁，烤至外皮焦黃。

變化做法

如果不怎麼愛吃馬鈴薯，這道帶一點中西合璧滋味的烤雞腿，和中式炒麵、炒飯乃至台式炒米粉也很搭，配上一盤拍黃瓜、鹽麴醃蘿蔔或涼拌白菜心等各色涼菜，亦美。

同場加映：

秋天是吃 BBQ 的好季節，在這個季節，我在家烹製各種燒烤的肉和魚，除了搭配爽口不油膩的生菜沙拉外，偶爾還會拌上一盆希臘式黃瓜優酪沙拉或馬鈴薯沙拉來換換口味。

這種搭配法更洋氣，再喝一杯粉紅葡萄酒或「普羅旺斯牛奶」（即茴香酒加水和冰塊），簡單可以假裝自己在地中海。

希臘式黃瓜優酪沙拉

材料

小黃瓜、希臘式優酪（Greek yogurt）或無甜味的天然優酪、橄欖油、蒜末、鹽和胡椒、薄荷葉（除用來裝飾的兩三片外，其他切碎）

做法

1 小黃瓜切片，撒鹽，拌勻，醃 10 分鐘左右。
2 優酪和蒜末拌勻，加一點橄欖油、胡椒，薄荷碎，即為沙拉醬汁。
3 小黃瓜應已出水，稍擠壓，使釋放更多水分，置於有蓋容器中，拌入沙拉醬汁中，嚐嚐味道，不夠鹹的話，酌加少許鹽。
4 蓋上容器的蓋子，置放冰箱冷藏一兩小時，上菜前盛進沙拉碗中，加上裝飾用的薄荷葉。

食譜 馬鈴薯沙拉

材料

馬鈴薯、酸黃瓜、蔥花、不甜的優酪、美乃滋、鹽和胡椒、顆粒芥末醬（wholegrain mustard）、裝飾用細香蔥（可省）

做法

1 馬鈴薯煮或蒸熟，放涼，剝皮，切小塊。酸黃瓜切小丁。

2 優酪和美乃滋以 2：1 比例混合，加鹽和胡椒調味；看個人口味加一點顆粒芥末醬，拌勻，即為沙拉醬。

3 在有蓋容器中混合薯塊、酸黃瓜丁和蔥花（留少許作裝飾），加進沙拉醬，拌勻，加蓋，放入冰箱冷藏一兩小時。端上桌前，盛入沙拉碗中，撒餘下的蔥花或細香蔥做裝飾。

週末熬湯樂

一年四季，除了燠熱難耐的酷暑三伏天，我每隔一段時日，就會選一個清閒無事的週末午後，熬上一鍋高湯。這會兒，漫漫長夏好不容易過去，又可以重溫週末熬湯之樂了。

多半過了十一點才出門，一路曬著暖陽，浴著習習涼風，散步到菜場。多半一人獨行，偶爾和約柏結伴。按慣例，先到二樓的小吃街，點碗切阿麵或米粉湯，切兩盤小菜當早午餐，吃個八分飽後，擦拭油膩的嘴，滿足地下樓，到相熟的攤販那兒看看今天有什麼好貨色，以便決定要熬什麼高湯。

十二點了，過了菜場人潮最擁擠的尖峰時刻，買起菜來不必爭先恐後，輕鬆多了。我不著急，從這一攤買到另一攤，最後來到沒設座椅僅有立位的咖啡吧，點一杯道地的義大利濃縮咖啡，靠在吧檯邊上，兩口飲乾，這才拎著沉甸甸的環保購物袋，慢慢走回家。

休息片刻，緩口氣，喝杯茶。約柏回書房上網或整理照片，我呢，鑽進廚房，該洗的洗，該切的切，開始熬湯。這次做的若是中式高湯，過一陣子就改熬西式高湯，偶爾也煮日式昆布柴魚清湯，不過後者花的時間相對短很多，所以常常週間想起來，就煮上一小鍋。

趁高湯在爐上熬煮的時候，我要嘛讀讀散文，每讀完幾篇，回廚房看一下湯煮得如何，是不是該調整火力；要不就上上網，讀電子報的副刊，或逛逛朋友的臉書和微博。有時，不看書、不上網，放一

張 CD，專心聽音樂，同樣的，每聽幾首歌就回廚房轉轉。

除了燉上一大鍋菜，我真想不出還有什麼廚務，能像煮高湯這樣，讓我感到安心而幸福。喔，或許不該說是廚務，而是我深深喜愛的週末休閒活動。下廚的人不必擁有多麼高明的廚藝，只要備上幾副便宜的雞骨或豬骨，加上尋常的胡蘿蔔、包心菜和平凡無奇的清水，讓它們一同在爐上慢慢地煮、細細地熬，時間便會施展魔法，變出一鍋美味的湯汁。

高湯，其實是時間的魔術。

小提醒。

雖說市售有現成高湯塊，但裡頭難免有人工合成的化學調味料，滋味到底不如自己在家用真材實料熬出來的湯那樣天然又甘甜。

利用葷料熬煮的高湯，好比雞高湯或豬骨湯，放涼後表面會浮著油脂，請盡量撇掉，然後分裝成小份，部分冷藏，部分冷凍。前者可保鮮一週左右，後者可以保存一兩個月。

高湯

食譜 日式昆布柴魚清湯（出汁）

5x10 公分見方的乾海帶兩片，用紙巾稍擦拭，但不要拭去面上的白粉，置鍋中，加進比兩公升再多一點的清水，煮至鍋底冒泡就撈出海帶，繼續煮至水開，加進 50-60 公克柴魚片，慢慢地默數到二十，熄火，靜置五分鐘，撈出柴魚片，用咖啡紙或棉布濾出清湯。

食譜 雞骨高湯

雞骨頭放入冷水鍋中，煮滾後就熄火，撈出雞骨用冷水沖洗。換一鍋清水煮開，把洗好的雞骨放入滾水鍋裡。煮中式高湯的話，可加薑片和米酒一起用小火熬 45 分鐘到一小時，撈掉骨頭和薑即可。如果想煮西式口味的雞高湯，改加洋蔥、胡蘿蔔、西芹和月桂葉，熬煮約一小時，過濾。

食譜 豬骨高湯

豬骨洗淨後用滾水汆燙去血水，再用冷水沖乾淨，接著放入冷水鍋中，一邊煮一邊撈除浮渣。等水開了，加薑片和米酒，轉文火熬煮約三小時，過濾便可。

食譜 蔬菜高湯

選有甜味的蔬菜來煮，好比洋蔥、胡蘿蔔、西芹、玉米、包心菜、大白菜、黃豆芽、蘿蔔等，選個三、四樣，切塊後加水，煮開，轉文火煮約三小時，過濾即成。

八月 清心過處暑

從小就懷疑二十四節氣中的立春、立夏、立秋和立冬，其實是某種暗示或預告。老祖宗給節氣如此命名，用意在於提醒人們，季節即將轉換，在這天地陰陽之氣微妙變化的時節，咱們應當未雨綢繆，順應著大自然的節奏，身心做好準備，迎接新的一季。

就拿秋天來說，可別看月曆上寫著立秋，就急急忙忙地收起夏衣，拿出秋褲。長夏漫漫，天還熱著，慢慢來，等到陽曆八月二十三日前後，當太陽到達黃經一百五十度時，處暑節氣來臨，夏季方至盡頭。

處暑是二十四節氣當中第十四個節氣，「處」這個字本就有終止、躲藏的意思，處暑意即「暑氣至此而止」，所以民間有「處暑寒來」的說法。話雖如此，處暑過後，「秋老虎」仍不時造訪亞熱帶的島嶼。晴朗的日子裡，白天豔陽高照，陽光容或不若前陣子三伏日時那麼毒辣，日正當中時卻依舊炙人，這讓我想起另一句諺語——「處暑十八盆」，意謂處暑後還會有十八個因炎熱流汗而須沐浴的日子。

然而，不知從哪一天起，早晨起床常覺得喉頭比較乾；下午走在馬路上，看到自己和行人的影子都拖長了；夜裡在書房讀書，不必開冷氣，清風穿過敞開的落地窗拂來，竟感到有點涼。凡此種種有關濕度、陽光的角度和溫度的變化，都是秋天的音信，秋天終究來了，開始預防秋燥的時候也到了。

按照中醫說法，處暑之後大地陽氣逐漸收斂，陰氣慢慢滋生，人體內的陰陽盛衰亦隨之轉換，較易感到疲勞，這時適合吃點潤肺又清心安神的食品。聽家族世居北京的朋友說，老北京處暑時興吃百合鴨；家父祖籍江蘇，先母生於高雄，我家沒這食俗。處暑，我們拿百合煮銀耳。

這一天，我專程到老街的南北貨老店買了銀耳，再上菜場向相熟的菜販購來鮮百合，經過旁邊的巷子，瞧見有位大嬸擺了小攤，只賣新鮮蓮子，說來自親戚的蓮田。看那蓮子顆顆飽滿，顏色不太白，象牙色帶點黃，應是未用藥水漂白過的天然色澤，就順手也買了一袋。這三樣合起來燉軟了，再加點冰糖，便是再簡單不過的時令養生甜品。

我從小愛喝銀耳湯，喜歡把銀耳熬得久一點，讓膠質都給熬進湯裡，這樣的銀耳湯質地柔軟滑潤，口感濃稠而不凝滯，我每每喝得欲罷不能。還記得父親看我如此愛喝銀耳湯，常笑著對母親說：「老三這小丫頭口味真像老太太，就愛軟的爛的。」如今，父親已仙逝，當年的小丫頭也已到了人生的秋天，是中年人了，口味呢，照舊「老太太」，銀耳仍非得燉軟爛了才入口。

秋季，正是吃銀耳的季節。銀耳性平、味甘、無毒，中醫相信它有滋陰潤肺、養胃生津、益氣安神之效，還可以活血、補腦、強心。秋燥時分偶有乾咳現象，多吃一點銀耳能夠幫助止咳，加上百合，預防秋燥的功效更強。

這裡說的百合當然非指嬌美的花朵，而是可食的鱗莖。百合性

平，味道甘中微帶苦，有潤肺止咳、清熱安神的功效，一年四季都可以吃，特別是天氣從偏潮濕轉爲乾燥的初秋。

至於蓮子，根據中醫說法，有清心火、除煩熱、安神的作用；西方營養學家則證實，蓮子含有的醣類有助於腦細胞吸收色胺酸，和維生素 B 群及鎂共同作用，也有助眠功用。夏秋之交，容易焦慮、睡不好覺的人，不妨吃點蓮子。

微涼的夜裡，爐上燉著銀耳百合蓮子湯，燉了好一會兒，銀耳已爛，蓮子也鬆化了。我嚐了一口，還可以甜一點，於是多加兩匙冰糖，攪拌兩下再熄火。待涼了以後，就要分裝成小包冷凍起來，方便隨時拿來解饞。

這一鍋早秋的養生湯，將伴我清心過處暑，淡定迎金秋，今年的，還有人生的秋天。

九月 白露秋桂香

一早起床看報，突然想起昨天傍晚忘了給室外的花草澆水，穿著短袖背心，趿著拖鞋奔至陽台，打開水龍頭，水霧從花灑頭噴出，裸露的手臂起了雞皮疙瘩，早晨的空氣居然這麼涼。澆好花，套件襯衫、換上平底鞋，買早點去。

陽光並不強，用不著撐傘，我穿過安靜的小巷，縷縷清風迎面拂來，風中暗香浮動，芬芳淡雅。我左顧右盼，探看香氣的來源。但見一戶人家的矮籬後，一排灌木比人高，該有兩米以上，綠葉叢間綻放著一簇簇米粒般大小的花，星星點點，牙白偏黃，這不正是桂花嗎？父親生前特別愛桂花，我們在北投山上的舊家有不小的院子，牆邊也種了好幾棵桂樹。

台灣的桂花開花期並不短，從五月到十月都是花季，但我從小就聽父親說，在江蘇老家，桂花只有秋季才綻放，農曆八月尤其盛開，所以八月又稱桂月。桂月有白露與秋分兩個節氣，白露在九月七日或八日的交節，秋分晚兩週，落在廿三日前後，所謂白露時分桂飄香，白露前後的秋桂最是清香宜人。

說到白露，不能不想到中學時讀過《詩經》的〈蒹葭〉：「蒹葭蒼蒼，白露為霜。所謂伊人，在水一方。」短短十六個字，生動描繪了秋天的景象——河畔蒼茫的蘆葦迎風翻飛，露珠凝成白霜，我的意中人卻在河水的另一方。這如畫的意象、如歌的音韻，怎能不感動

當年詩般的少女情懷？

昔日的純情少女，在意的是白露的浪漫，今日的中年女子，卻比較「務實」地想到實質的意義：過了白露節氣，大地陰氣漸重，夜裡水氣凝結，在地面和葉子上形成露珠，這晶瑩的秋露，即爲白露。換句話說，這代表秋天漸漸深了，該注意保健養生了。

白露之後，雖偶有秋老虎肆虐的日子，但大體上一夜將冷過一夜，天氣也越來越乾燥，體質較敏感、呼吸道較弱的人，一不小心就可能犯哮喘或支氣管炎，倘若不想一天到晚生病服藥，可以試試提早養生食療，防患未然。

老祖宗養生講究順四時，根據傳統中醫學，春氣和肝氣相通、夏和心氣相通、冬和腎氣相通、秋氣則與肺氣相通，因此白露也好，秋分也好，都適合吃滋陰養肺、潤燥生津的食物，特別是白色的食物。這是因爲古人也有四時配五行之說，秋屬「金」，而金的代表色爲白，因此梨子、甘蔗、銀耳、川貝、杏仁、荸薺、百合、山藥、蓮子和蓮藕，都是秋季養生好食材。

在這些食材當中，我最愛當令的蓮藕。《本草綱目》稱藕爲「靈根」，在中醫看來，蓮藕生食、熟食各有不同的功效，生藕性味甘寒，可清熱生津，適合火氣大、唇乾舌燥的人吃；藕煮熟了，性由寒轉爲溫，健脾養胃，適合腸胃虛弱、消化不良者。

蓮藕不但生食、熟食皆宜，更是鹹甜不拘。父親生前愛吃涼拌藕片、炸藕夾和桂花糖米藕，統統是蘇浙口味；先母一到秋天，則愛燉家常的排骨蓮藕湯，有時還加一點花生。她也常煮「蓮藕茶」，這是台灣南部常見的甜品，其實就是蓮藕甜湯，待湯熬成粉紫色略帶棗色時，便將藕片撈出挪做他用，只喝那湯，也就是蓮藕茶。

去年秋天，朋友送了我好幾斤台南老家產的蓮藕。我一時不知該如何處理，索性統統切了片，煮了一大鍋蓮藕茶，不，該說是冰糖蓮藕湯，因爲我太愛吃藕，捨不得單飲湯。

湯一熬好，我迫不及待盛了一大碗，正打算大快朵頤，記起冰箱裡還有半小瓶桂花釀，索性學糖米藕的做法，加了一匙桂花釀進藕湯中，才吃一調羹，便覺齒頰生香。我一面吃著一面想，我的這碗桂花糖藕湯，口味不盡然江蘇，也不完全台灣，卻同時標記著我的父系和母系滋味，怪不得這麼合我的胃口。

十月 霜降食柿

週末逛菜場，常去的水果攤上一片橘紅伴澄黃，是柿子，有軟的紅柿，也有脆的甜柿，一顆顆排得錯落有致，眞美。陽光稀微的日子，如此鮮豔明亮的色彩，教人看著心情也雀躍起來，一問價錢，特別平，這也難怪，就快要「霜降」了，眼下柿子正當令，產量多，品質好。

霜降是秋季最後一個節氣，不是落在每年的十月二十三日，就是二十四日，總之就是太陽到達黃經兩百一十度的時候。這時北國深夜氣溫可以降至零度以下，空氣中的水分就在地面凝結成霜。記得旅居荷蘭那十多年期間，霜降過後，晨起拉開客廳窗簾打量屋外，臨水的陽台就常蒙著薄薄一層白霜，等太陽一出來，氣溫一回升，就融化了。

回到亞熱帶島嶼故鄉後，台北盆地別說霜降時分，就連隆冬時平地也不結霜。不過晚秋時節日夜溫差的確變大，有時前一天白日仍如「桂花蒸」般悶熱，但夜裡下了雨後，早晨便覺寒意襲人，必須趕早上班上學的人，最好加件外套再出門，以免著涼感冒。

從而想起老人家愛說：「一年補通通，不如補霜降」，又說：「霜降吃柿子，不會流鼻水。」這兩句諺語或正反映民間古老的智慧。就拿霜降食柿的習俗來說，根據西方的營養學，柿子富含貝它胡蘿蔔素、維生素 A 和 C，特別是維生素 C 比一般水果高了一至兩倍，一顆柿子便含有人體一日所需的維生素C一半的量，而維生素C有抗氧化的作用，雖無法治療感冒，卻能夠加強人體免疫功能，減少感冒流鼻涕的風險。

再由咱中醫觀點來看，《本草綱目》也說柿子「味甘而氣平，性澀而能收，故有健脾澀腸、治嗽止血之功」，這可眞是大自然的巧安排，霜降正値秋燥時節，容易咳嗽，此時盛產的柿子恰好有止咳的功效，何況當令的柿子特別好吃，皮薄、個大，汁又甜美。換句話說，霜降食柿，不但可以一飽口福，而且眞可以補身養生。

然而飲食之道最怕暴飲暴食，再怎麼美味的食物都須適量。柿子雖好，卻不宜多食，尤其不可空腹吃，因爲柿子含有大量鞣酸，在胃內和胃酸共同作用，會和食物的蛋白質起化學反應，沉澱結塊，形成柿石，很難消化，因此本來就有消化不良毛病的人少吃爲妙，倘若眞饞得受不了，也須去皮食用，柿皮中的鞣酸含量特別高。

既然當令紅柿如此物美價廉，我毫不遲疑，請果販給我秤了四台斤（近兩公斤半），統統裝進我自備的透明大塑膠袋中，拎在手上沉甸甸，顏色紅彤彤，非常秋天。

我家才兩口人，這麼一大袋紅柿就算天天吃一顆， 也會吃到保鮮期已過，更別說膩味。我打算分成不等量的三份，一份收進冰箱的蔬果冷藏櫃，大約三天內趁鮮吃完。一份洗淨後，像處理番茄那樣，從蒂頭處淺淺劃十字刀，再用熱水汆燙，默默數到二十或三十就取出，立刻沖冷水，如此一來，只要輕輕一撕，便可剝除原本不易剝的柿皮；跟著將去皮的果肉分切成塊，分成數盒冷凍起來，等哪天有客

來家裡，將凍柿用果汁機打碎，不必加糖也用不著加蜜，僅須加一點點的水，就能夠製成別致又香甜的紅柿冰砂。

還有最後一份紅柿，要帶給我的二姊。我的二姊阿雯因出生時難產而腦神經受損，如今五十多歲了，仍只有兩、三歲小孩的智力，是所謂的心智障礙者。她週一至週五都在教養機構「住校」，只有週末回家，每逢週六或是週日，就是我和她聚餐的日子。

二姊愛吃柿子，特別是軟的紅柿。她吃柿自有她的講究，你得先替她把柿子洗淨，用紙巾拭乾，還得盛在小碗中遞給她。她捧著碗，並不急著將紅柿塞入口中，先聞了聞，似乎聞得出柿子甜不甜，跟著才吃第一口。這一口嚥下去以後，她會等個一會兒，待口中的餘味已消，再吃第二口。一顆柿子，別人三、四口、三十秒就「解決」，她卻可以吃上好久。

每回看著二姊如此專注又從容不迫地吃著那一顆小小的柿子，就覺得她是我的天使或菩薩，來到人間是爲了要給我啓示，讓我明瞭一個道理：唯有最單純的心，才能領會最純粹的快樂。

Part. 4

冬膳

一個人的療癒鍋

乾冷的冬日，丈夫出門和朋友聚會。

這次餐敘約了好久，才把大夥的空檔都搞定，我卻感冒了。雖說這一回感冒既不流鼻水、打噴嚏，也不會頭重腳輕手無力，就只是喉嚨難受，「酷酷嗽」，可是像這樣子一個人坐在桌邊咳個不停，能不討人厭嗎？

還是識相點，就扮出可憐兮兮的樣子，告訴丈夫：「你別擔心我，只管去吧，多喝兩杯啤酒，多吃一點好吃的東西。我會在家中喝茶上網，等你回家。」

洋人卻不上當，穿好鞋子，臨出門前，轉頭對我說：「別假仙了，眞的那麼可憐，爲什麼在葡萄酒架前站那麼久？想必是在想要開哪一瓶。」

哎呀，被他識破了。平日愛飲的白酒太冰了，怕刺激到喉嚨，只能選不冰的紅酒，方才就考慮得比較久。

丈夫剛邁出家門，我就開了挑好的紐西蘭的「黑皮諾」（Pinot Noir），這酒果香強烈，單寧適中，不很重，是我少數愛喝的紅酒。給自己倒了一杯，走進廚房，繫上圍裙，開始翻冰箱。

冷藏室中有白菜、木耳、鴻喜菇、雞蛋、一小盒雞骨高湯和青蔥，冷凍櫃中有魚漿做的炸花枝條和烏龍麵。那就一邊喝杯小酒，一邊做個鍋燒烏龍麵吧。

自碗櫥中取出單人份的土鍋，加進麵條和各種菜料，淋上雞骨高湯，開中火煮滾後轉小火，煮個四、五分鐘，淋一點白醬油、味醂和海鹽調味，加海帶芽和菠菜，再煮一會兒，打個雞蛋下鍋，撒蔥段，蓋上鍋蓋，簡單卻不隨便的單人冬季晚餐可以端上桌了。

丈夫不在家的冬夜，我關起窗，放下窗簾，捻亮客廳的落地燈，扭大音響的音量，放了一片已故爵士女伶Sarah Vaughan的CD，聽她唱著溫情脈脈的〈彩虹彼端〉（Over the Rainbow）和〈煙燻你眼〉（Smoke Gets in Your Eyes），獨享這一鍋熱騰騰的烏龍麵，暖流從耳畔、胃裡淌至心裡，太療癒了。

什麼感冒、喉嚨不舒服？都是小意思。

一鍋麵連湯帶料一點不剩，我吃得一乾二淨，隨手收拾好碗筷，給自己再倒了小半杯紅酒。端著酒杯，帶著一本小說，在燈下坐定，忽然想起，這一餐的食材和調味料，除了味醂、洲南鹽場的海鹽和青蔥，其他統統來自主婦聯盟消費合作社，他們是不是該考慮頒一枚忠誠會員客戶獎章給我啊？

療癒的鍋燒麵

材料

冷凍烏龍麵一包、冷凍花枝條（或油豆腐）兩三個、大白菜兩片、木耳和鴻喜菇隨意、雞骨高湯或昆布柴魚高湯、海鹽、淡色醬油、味醂、泡軟切碎的海帶芽、菠菜或其他綠色葉菜幾片、雞蛋、蔥、唐七味（日式辣椒粉，可省）

做法

1 麵條無須解凍，直接置於單人份土鍋（砂鍋）中，依序加進花枝條（或油豆腐）、大白菜、木耳、鴻喜菇，舀入高湯，開中火煮滾，轉小火再煮四、五分鐘。

2 加一點白醬油、味醂和海鹽調味，加進快煮海帶芽和菠菜，續煮片刻。

3 打個雞蛋下鍋，撒點蔥花，也可以加點唐七味（日式香料辣椒粉），上桌。

變化做法

家中有韓國泡菜時，我會用泡菜代替大白菜，同時加一點板豆腐和洋蔥絲進鍋中；韓國泡菜和豆腐、洋蔥味道頗搭。

懷鄉的滋味

約柏跟著我自西徂東，搬來台灣好一陣子了，雖然這位老兄聲稱自己對祖國並沒有太多想念，但是每逢他輕描淡寫地說「我們有好一陣子沒吃××了」，我就明白，他又犯鄉愁了，因爲那××往往是一道歐式家常菜。

我猜想約柏說不定並未意識到，也或者多少意識到了，卻好強地不肯承認，自己懷念的不只是歐洲味，還有那寄於舌尖上的文化，以及他原本熟悉的一切。

我旅居荷蘭十多年期間，不也曾如此，不定期地就會渴望某一種家鄉味，饞到恨不得馬上飛回台北大快朵頤？只是這會兒我倆的角色對調了。

今天，又是空氣泛著淡淡鄉愁的一天。那股愁緒具體化的結果，就是一大包一公升重的抱子甘藍，約柏午後專程到賣場買回來。

晚餐他當主廚，做抱子甘藍栗子馬鈴薯燴豬肉。

這也算得上約柏的拿手菜，是他單身漢時期跟老同學的妻子學來的，只是二十多年下來，做法幾經調整，早已不同於原版，算是「侯氏獨門食譜」。我們還住在鹿特丹時，深秋至春初是抱子甘藍當令的日子，他每隔幾週就會當煮夫，做這道將蔬菜、澱粉質主食和肉類匯聚於一鍋 on-pot meal（鍋膳）。

抱子甘藍耐寒怕熱，台灣不適合種植，加上滋味微苦，烹調前得先用滾水煮軟並去除苦味，喜愛蔬菜爽脆口感的台灣鄉親未必吃得慣。我們剛回台北那個冬天，在菜場、超市和專賣進口食材的店舖尋尋覓覓，怎樣也找不著抱子甘藍，後來好不容易才在天母山坡上的家樂福，看到法國來的冷凍貨，滋味雖比不上當令鮮貨，但也還可以，至少差強人意。

洋人此刻正喜孜孜地喝著啤酒，在廚房裡洗洗切切，我也樂得鑽進書房，讀我的東野圭吾小說，等著開飯。

再怎麼喜愛烹飪，偶爾能茶來伸手、飯來張口，亦是樂事。

丈夫偶爾犯犯思鄉病，挺好的。

抱子甘藍栗子馬鈴薯燴豬肉

材料

冷凍抱子甘藍約 400-500 公克、小里肌肉（腰內肉）一小條、蒸熟已剝殼栗子十幾粒、馬鈴薯約 300 公克、洋蔥小的半顆、蒜一瓣、味醂、料酒、蔭油或深色醬油、鹽和胡椒、橄欖油

做法

1 豬肉切片，加醬油、味醂、料酒醃約半小時後過油炒熟，備用。
2 抱子甘藍入滾水煮五分鐘，撈起瀝去餘多水，備用。洋蔥和蒜切末，備用。
3 馬鈴薯切丁，煮熟或拌點油進烤箱烤熟，備用。
4 用橄欖油炒香洋蔥末和蒜末，加進其他處理過的材料，拌炒，撒鹽和胡椒和一點點蔭油或深色醬油調味，再炒幾下讓味道均勻，趁熱分盛至兩只深盤中，或舀至大碗公中端上桌，各自取食。

天冷，喝碗湯

下午氣溫陡降，傍晚走出書房，準備到客廳捻亮燈光，打開音響，聽兩首皮亞佐拉（Astor Piazzolla），放鬆一下緊繃的神經，卻發覺寒風一陣陣鑽進屋裡，客廳裡涼颼颼的，忍不住就打了一個哆嗦。仔細一看，哎呀，今早到陽台澆花後忘了關窗，面向巷道的兩扇落地窗大敞，難怪冷成這樣。

天氣一變冷，就很想來碗熱湯，否則老覺得心裡和胃裡都不踏實。

可是這幾天工作忙，都沒上菜場採買新鮮蔬菜，翻了翻冰箱冷藏室的蔬果抽屜，僅存半顆蘿蔓生菜和幾個蘋果，另外就是一盒上週醃的油漬爐烤番茄。

在最底下找到一條胡蘿蔔，體型碩大，拿在手上沉甸甸的。這個好，可以拿來做西式的胡蘿蔔濃湯，然而煮濃湯需要加澱粉質增厚質地，常見用南瓜配胡蘿蔔，家裡不巧沒有，好在前陣子在合作社買了一網袋番薯，應該還有兩三顆，可擺了快一個月了，不知腐敗了沒有。拿在手裡，翻來覆去檢查一下，還好，沒爛也沒發芽。

可以煮湯了。胡蘿蔔和薑、印度什錦香料粉（masala）是好朋友，番薯和這兩樣的味道也很搭，那就煮個帶點南亞風味的香料胡蘿蔔濃湯吧。

於是在廚房的手提音響裡塞了一片 Ravi Shankar 的 CD，在印度西塔琴的樂聲中，開始削胡蘿蔔和番薯皮。

削著削著就想起一位朋友。有一回閒聊時，她對我說起生平最恨的廚務就是削皮，「削太多，削怕了」。原來她兒時，家裡開小吃店，媽媽掌廚，爸爸當跑堂兼掌櫃，負責招呼客人、算帳。爲了減輕父母的負擔，她和一弟一妹從小都得幫忙打雜。讓她洗菜、洗碗、抹桌子、掃地、倒垃圾，她統統沒怨言，唯獨討厭給各種根莖植物和水果削皮，偏偏這樁差事常落在年紀最大的她身上。

「我媽貪便宜，都買那種十元一把的廉價削刀，不知道是設計有問題還是刀太鈍，得花好大的力氣才能把皮削下來。我每回削完一滿盆的胡蘿蔔和馬鈴薯之類的東西，手都痠死了，再怎麼按摩揉搓也沒用。我長大後才明白，那叫做『網球肘』，又稱『媽媽手』，可是我當時不過是個小毛頭。」

朋友說，所以她從小到大，擇偶條件的第一條就是，未來的另一半必須善於且樂於替她削蘋果皮、蘿蔔皮、番薯等一切必須削的皮。

我聽著這位二十多歲、事業有成、性格獨立的單身朋友，數落削皮這活兒有多繁瑣討厭，眞想告訴她，「妳需要的不是擅長削皮的男人，而是一把好的削皮器。」

像我，因爲嫌一般削刀削的皮太厚，之前都用小刀削馬鈴薯，每次都邊削邊唉唉叫，嫌費力又麻煩，可自從在日本買到一把鋒利又輕巧的陶瓷削皮器後，就一點也不介意這樁差事。如今，我只管以優雅的手勢握著刀柄，輕輕往下一拉，便能削下一整條薄薄的皮，眞是太痛快、太有成就感了。

這一天傍晚，我削完一大條胡蘿蔔和兩小顆番薯，還覺得削不

過癮，那麼，索性再削顆青蘋果。把蘋果也扔進鍋中一起煮，給湯增加點果香和若有似無的酸度，應該也美味。

於是從冰箱拿出一顆蘋果，選了一顆較小的，我要煮的到底是胡蘿蔔濃湯，主角是胡蘿蔔，番薯和蘋果只是陪襯的配角，加太多恐怕會奪味。

我雖然把燒菜這件事當成一種「創作」，視同於寫作、繪畫或作曲等需要有創意和想像力的活動，可是我也以爲，在廚房烹飪時，雖可天馬行空、無拘無束地想像各種食材和滋味能怎麼搭配，然而在發揮想像力時也得注意，整體的安排不可流於「異想天開」，以免創造出令人難以下嚥的恐怖食物——當然，如果烹飪的目的就是要製造噁心的食物或災難，那是例外。

這一鍋湯煮好以後，我嚐了一口，不但不是廚房災難，而且湯汁清甜不膩又滑順，完全沒有胡蘿蔔的「藥味」，印度香料和蘋果給整體滋味增添了層次，馬鈴薯則讓湯質地濃而不滯。

這一鍋用剩餘物質熬出來的好湯，我和約柏一人兩碗，喝個精光。

胡蘿蔔湯

薑汁咖哩胡蘿蔔番薯蘋果湯

材料

大的胡蘿蔔一條、小的番薯兩三顆、青蘋果一顆、小的洋蔥約半顆（切絲）、薑一小截（磨碎）、印度 masala 香料粉約兩小匙、雞高湯或蔬菜高湯約一公升、鹽和胡椒、橄欖油

做法

1 胡蘿蔔、番薯和蘋果都削皮切丁，備用。
2 炒香洋蔥末、薑末和香料粉，加胡蘿蔔丁、番薯丁續炒片刻，倒入高湯，煮開後轉小火煮 20 分鐘左右。
3 待胡蘿蔔變軟，加進蘋果丁再煮 5 分鐘，加鹽和胡椒調味。
4 湯稍涼後用果汁機打成濃湯，回鍋加熱，盛在碗或深盤後，淋一點橄欖油，再撒一點胡椒。喜歡的話，可在湯面上加一點芫荽。

變化做法

不用番薯，改用馬鈴薯亦可，換成南瓜更佳。不愛咖哩味，印度香料不加也成。

(註) 這道食譜是四人份

同場加映：

白花椰菜當令，價格廉宜，還是有機的，不買可惜，就買了一大顆，做了鍋濃湯。台灣的花椰菜產季主要在八月到隔年三月，也就是夏末和秋冬時分，冬天的花椰菜尤其好吃，因為冬天冷，菜長得慢，味道就比較甜。傳統市場的大嬸教我，盡量選花蕾像小珠粒的、莖部無空心的花椰菜。

冬暖夏涼的花椰菜湯

材料

白花椰菜半顆、馬鈴薯一個（約巴掌大小）、月桂葉（bayleaf）一片、蒜瓣隨意（可不加）、高湯約半公升、牛奶（或鮮奶油）、鹽和胡椒、歐芹（可不加）

做法

1 花椰菜切小塊，馬鈴薯削皮也切小塊，喜歡蒜味的，可以剝一兩瓣蒜頭備用。

2 以上材料一起置鍋中，順手加片月桂葉，倒入高湯淹過菜面，大火煮開轉小火，煮到菜都軟了，加鹽和胡椒調味，撈出月桂葉，丟棄。

3 待湯變得不燙手了，用果汁機打碎，回鍋，加點牛奶（或奶油），不要再煮沸，中火熱透即可，分盛至碗中，撒點滋味清雅的歐芹裝飾，讓湯色不那麼單調。

小提醒。
這道湯品亦可用冷凍花椰菜來做，冷食熱飲皆宜。寒天時分，就暖暖的喝；天氣炎熱時，前一天或一早煮好，放涼以後，收進冰箱冷藏，待冷透便是清爽的夏日冷湯，分盛至好看的碗中，淋一點冷壓橄欖油，加一片薄荷葉或歐芹。如果家中恰好有真正的白松露油，不妨加個半小匙，用以待客，誠意十足。

同場又加映：
看到馬鈴薯出現發芽的跡象，決定煮個蒜味馬鈴薯濃湯，一次把所有庫存馬鈴薯用光光。
原始食譜是跟約柏的好友學來的。
有一年聖誕和新年期間，大夥一同去他在荷蘭中部鄉間的度假小屋度週末，因為太開心，加上主人盛情難卻，過完週末，咱倆又多留了一天，喝到他宣稱用剩餘物資煮的這道湯菜，配上一小碗生菜沙拉和兩片烤麵包，便是一頓簡便的輕食。

蒜味馬鈴薯濃湯

材料

馬鈴薯約 250 公克、蒜頭 4 瓣或更多、煙燻培根一片、雞骨高湯（或蔬菜高湯）約半公升、鹽和胡椒、牛奶或液體鮮奶油

做法

1 馬鈴薯削皮切丁、蒜頭拍扁切碎。培根用很少的油煎脆，置於紙巾吸去表面油脂，涼後捏碎，備用。

2 把馬鈴薯、蒜頭、高湯（或清水）統統置於湯鍋中，大火煮滾後蓋上鍋蓋，轉小火煮至馬鈴薯軟熟，約 10 分鐘，加鹽和胡椒調味，稍放涼後用果汁機把湯打成濃稠的質地。

3 濃湯回鍋中火加熱，加一點牛奶或液體鮮奶油，再嚐一次味道，視情況斟酌調味。分盛至碗中後撒上培根碎。

註 不用果汁機打亦可，改用手持的搗薯泥器小心將馬鈴薯搗碎，不過這樣湯的質地會較「粗」，沒那麼滑順。

一起來做一頓雙人晚餐

我有我冬天非吃不可的東西，好比麻油雞、米糕糜、烏魚子配蒜白、蘿蔔牛腩、砂鍋魚頭、醃篤鮮，如果用印表機列印成條列式清單，一頁大概還不夠。我家洋人也有他的，只是那單子應該短很多，其中有一項，就是他這幾天以來念茲在茲的甜菜頭（beetroot）。

爲了顯示我很「賢慧」，趁著週末較有空，今天再度施展《木蘭辭》中花木蘭「東市買駿馬，西市買鞍韉，南市買轡頭，北市買長

鞭」的精神，一大早又是大賣場、超市，又是傳統菜場和有機商店，最後還特地繞道到主婦聯盟消費合作社，取我訂好的四方鮮奶油，奔走了一上午，總算把材料買齊了。

今晚，夫婦倆在廚房裡通力合作。前菜是我前兩天煮好的南瓜湯，那個只要回鍋加熱便可。主菜是煎鴨胸，這個我比較擅長，歸我做。順手還拌了一個萵苣沙拉，給晚餐加點維他命。

搭配鴨肉的邊菜是烤藍紋乳酪甜菜頭馬鈴薯，這道焗烤菜色做法不很難，工序卻比較繁複，在我家一向是約柏的責任。

一湯一主菜還有兩個配菜，又開了一瓶西南法的紅酒，這一頓週末家常晚餐算得上豐盛。不知道是不是因爲是兩口子都貢獻了心力，這一餐吃來特別地香。

約柏的烤藍紋乳酪甜菜頭馬鈴薯

材料

甜菜頭一顆、馬鈴薯 250-300 公克、小的洋蔥半顆、藍紋乳酪（blue cheese）、液態鮮奶油、鹽和胡椒

做法

1 冷水煮沒削皮的甜菜頭，水煮滾後蓋鍋蓋，轉小火再煮 20 分，不掀蓋，讓餘熱把甜菜頭徹底煮熟，等鍋子變微溫了才撈出，剝皮切成丁。
2 馬鈴薯連皮煮熟或蒸熟，剝皮切小丁。洋蔥亦切丁。
3 藍紋乳酪和鮮奶油加進小鍋中，用中小火煮至乳酪融化。
4 甜菜頭、馬鈴薯和洋蔥置於烤皿中，加鹽和黑胡椒調味，混勻，淋上奶油乳酪汁，放進已預熱為攝氏 200 度的烤箱焗烤 10 分鐘左右。

註 1. 舉凡法國的 Roguefort、義大利的 Gorgonzola 或英國的 Stilton 等藍紋乳酪，都可以拿來做奶油乳酪汁，如果不愛藍紋乳酪獨特的風味（有人說那是「臭」味），可用其他易融但不會「牽絲」的乳酪取代，好比 Cheddar、 Gouda、 Gruyère 和 Monterey Jack 等。軟質乳酪如 Brie 和 Camembert 亦可，但下鍋前需切除白色硬皮。

2. 可以兩三天前就把甜菜頭煮好備用，一次多煮幾顆，不剝皮，冷藏保存，要吃以前才去皮。冷的水煮甜菜頭可以切成薄片，撒一點點鹽和胡椒，淋上橄欖油和義大利香脂醋（即巴沙米可醋），加上少許芝麻菜或歐芹，就是爽口的歐式前菜。

同場加映：

昨晚才驚覺，聖誕前夕平安夜轉眼將至，往常這時我要嘛在巴黎或倫敦，要不就忙著採買各式平時較少見到的食材，準備在明天聖誕節燒一頓大餐，算是過節了。這會兒人在台灣，聖誕節這回事變得遙遠，歐洲真是往事了。

然而無論如何，過節總是開心的事，平安夜的白天就上菜場和超市，採買聖誕餐的材料，應應景。

今年聖誕晚餐由兩人合作，因為主菜紅酒牛肉的配菜——燜烤蘋果甘藍，在我家是男主人的專利。這道菜，他做得比我好。

紅酒牛肉

女主人的紅酒牛肉

材料

洋蔥一顆切丁、1 條胡蘿蔔切小塊、1-2 根洋芹切片、蒜頭切片、麵粉 2 大匙、紅椒粉 2 大匙（注意，是不辣的 paprika 粉）、牛腩或牛腱 1 公斤（切塊）、番茄糊 2 大匙、紅葡萄酒 1½ 杯（葡萄品種、產地不拘，別選難喝到自己都嚥不下的酒就好）、牛骨高湯 1½ 杯（自己熬的最好，不然就用罐頭湯或高湯塊兑清水，但須注意鹽分）、新鮮百里香或乾百里香、月桂葉、洋菇 200-300 公克（切片）、鹽和胡椒、橄欖油

做法

1 在炒鍋或鑄鐵燉鍋中熱橄欖油，中小火炒洋蔥、胡蘿蔔、芹菜和蒜片，至洋蔥透明，不要炒焦，約 5 分鐘，取出備用。

2 在碗中（或塑膠袋中）混合麵粉和甜紅椒粉，倒入牛肉塊，讓肉均勻沾上麵粉。

3 在剛才用過的鍋中加進一點油，沾了麵粉的牛肉分兩批下鍋，煎至金黃。

4 炒過的菜料回鍋，加番茄糊拌炒一下，續入紅酒、高湯與兩種烹飪香草，大火燒開。

5 如果用的是炒鍋，將牛肉連汁帶菜移至砂鍋或燉鍋中，小火燉煮約一個半小時後，加洋菇片再煮半小時左右，視口味加鹽和胡椒調味，撈出月桂葉，盛至盤中大碗中。佐以水煮馬鈴薯、薯泥或法國麵包；愛吃米飯的，配白飯也行。

小提醒。

蔥薑紅酒牛肉與其小鍋燉，不如大鍋煮，因此我雖然家中僅兩口人，可紅酒牛肉不燉則已，一燉必定是一大鍋。好比說，上面食譜雖足供五位大人吃，但我每次燒這菜，分量不會少，只會更多。往往刻意留下半大鍋，分成兩份，一份冷藏，一週內吃掉，另一份冷凍，等哪天沒多少空做飯時，解凍加熱，又是一頓。

相信我，一如絕大多數的燉煨菜色，回鍋再熱的紅酒牛肉，滋味更勝剛燉好之時。

男主人的燜烤蘋果甘藍

材料

紫甘藍一顆、蘋果一顆（青蘋果尤佳）、煙燻培根兩片、洋蔥半顆、葡萄乾 2-3 大匙、白蘭地酒（用來泡葡萄乾，改用蘭姆酒或清水亦可）2 大匙、月桂葉 2 片、丁香 3-4 粒、紅酒醋或蘋果醋 3-4 大匙、黃砂糖約一大匙、鹽和胡椒

做法

1 紫甘藍切碎，蘋果切小丁或絲，洋蔥切末，培根切小片，葡萄乾用酒或水泡軟。
2 用一點油炒香洋蔥和培根，加入甘藍、蘋果、葡萄乾、月桂葉、丁香、醋、糖、鹽、胡椒，混合，置於附有蓋子的耐熱玻璃器皿或赤陶鍋中，進 180 度烤箱焗熟，約一個半小時。如果家中無烤箱，可置於砂鍋或不鏽鋼鍋中，在爐上燉軟。

小提醒。

這道甜酸口味的歐式菜餚，第二餐重新加熱，會更入味好吃，因此不妨一次多做一點，上面的食譜就是四人份。
這道配菜宜佐肉食，和海鮮並不搭配。除荷蘭外，法德英等不少歐洲國家也有大同小異的做法。

冬日最燦爛的顏色

大概是因爲旅居荷蘭十多年，習慣了偏冷的氣候，回台北定居以後，喜歡冬天更勝夏日。一來本就怕熱甚於畏寒，二來則是生來嘴饞，亞熱帶島嶼的冬季，天氣有點像西歐的春天到初夏，有利於番茄、萵苣生菜、芳香藥草等我喜愛的蔬果生長。

在台灣，我在冬天比夏天更有口福。尤其愛吃番茄，我可是挨過大半年，總算等到番茄當令。

番茄因色澤豔紅，看來熱情如火，而常令人直覺地聯想到足以灼身的烈日，還有那驕陽下的熱帶地區，然番茄其實性情溫和，無法消受火辣辣的激情，而偏好溫暖卻不炎熱的環境。白天氣溫攝氏 20-25 度、日夜溫差 10 度左右，才是最適合番茄的生長條件。

荷蘭夏季的氣候正巧如此，因此夏天收穫的番茄味道格外飽滿，最好吃；冬天的番茄長於溫室，在人爲控制的人造環境成長，外表看來雖也紅彤彤，剖開一看，內芯卻是蒼涼的淺粉紅色，味道更是寡淡如水。

台灣則相反，炎夏時分，番茄價昂味卻未必足，冬天方是番茄最佳美的季節。

說到台灣的番茄，約柏的祖國多少也有一點貢獻，因爲番茄正是荷蘭東印度公司據台時代由荷蘭人引進。不過那時歐洲人自己也才剛認識原產南美的番茄不久，誤以爲番茄有毒，所以不論在荷蘭或台

灣，番茄都只當成觀賞植物，並不食用。

一直到日治時期，番茄才又被日本殖民者引進台灣栽培，這時，大家都曉得番茄並沒有毒，是營養豐富的農作物。

台灣目前種植的番茄，號稱有兩百多種，常見的有黑柿、桃太郎、牛番茄、玉女和聖女等。我最常買牛番茄和聖女番茄，前者拿來煮醬汁，每次熬上一大鍋，分小盒冷凍起來；聖女番茄則適合做成爐烤番茄，滋味比鮮果更濃烈可口。

以低溫烘烤到半乾的小番茄，用橄欖油醃漬起來，收在冰箱較不冷的地方，要吃的時候，取出一部分置室溫中「退冰」。想嚐洋味的話，拌義大利麵，或配上烤得脆脆的長棍麵包當前菜食用。如果想吃中式口味，索性拿半乾小番茄來做番茄炒蛋，一道再家常不過的普通菜色，就這樣變成餐館裡的創意佳餚。

還有個最簡單的食法，就是什麼也不配，當成下酒小菜直接入口，來上一杯清淡的紅酒或較濃郁的白葡萄酒，淺酌慢嚐這冬日最燦爛的顏色。

我在超市看過進口油漬風乾番茄，一小玻璃罐動輒兩百多元，真不便宜。每年的十二月至隔年三月，是聖女番茄盛產時期，價廉物美，不妨趁這時自製爐烤半乾番茄，就別花冤枉錢買舶來品了。

至於皮薄多汁、號稱甜似蜜的玉女番茄，當水果吃就好，烤成番茄乾太浪費。

攝影 © 李邠如

食譜　油漬半乾小番茄

材料

聖女小番茄、鹽、橄欖油、芳香藥草（如迷迭香、百里香、又稱披薩草的奧勒岡）

做法

1 小番茄以蝴蝶刀法切對半，亦即不切到底，將番茄攤開，呈蝴蝶形，撒少許鹽，用小茶匙在每粒番茄上淋一滴油，鋪在墊了鋁箔紙的烤盤上，番茄之間須有一點點空間，不要一個挨著一個，排得太緊。

2 進低溫（攝氏 100 度）烤箱烘烤 3 小時，出爐後加橄欖油和自己喜歡的芳香藥草，醃至少一夜。

小提醒。

1 低溫烤越久，番茄就越乾，如果想要做成像進口番茄乾那樣，至少得烘烤六、七個小時。

2 油漬半乾小番茄的冷藏保鮮期約 2 週，必須用不帶水氣且乾淨的湯匙或筷子取用，不然易發霉。

3 喜歡蒜味的，也可加稍微汆燙過的去皮蒜瓣一起油漬。

閒來做燉飯

寒冷的冬天，是吃各種義大利燉飯的好時節。

唯冷天才有這份閒情，也有那個能耐，可以守在爐火前二、三十分鐘，須臾不離，不時攪拌鍋中物，只爲烹煮美味的 risotto。

最常做的是蕈菇燉飯，因爲食材好張羅，別說一般菜場和超市，我常去的主婦聯盟消費合作社，固定就有四、五種菇可供選擇。

要是在菜場魚攤看到現流的墨魚（花枝），我會買上一條，拜託魚販替我「殺」好，並請他千萬別丟棄墨囊，我要拿來做威尼斯風味的墨魚墨汁燉飯 risotto al nero di seppia。

雖說超市和賣進口雜貨的店裡也買得到現成罐裝的墨魚汁，但風味就是比不上新鮮貨。罐裝的色澤夠黑，但我總疑心有人工味，還有點腥。加了新鮮墨魚墨汁的燉飯則不然，吃進嘴裡很鮮，而且腥味不重。

蕈菇義大利燉飯

材料

義大利米一量米杯、橄欖油、牛油(黃油)、3-4 種新鮮蕈菇(如杏鮑菇、鴻喜菇、鮮香菇、蠔菇、洋菇，隨你喜歡)約 150-200 公克、乾牛肝菇一撮、小的洋蔥半顆、蒜頭一瓣、白葡萄酒少許、熱高湯(至少半公升，有時需要更多)、鹽和胡椒、現磨義大利乾酪粉(拜託不要用卡夫芝士粉，沒有「真正」的乾酪粉，寧可不加)、鮮奶油(可不加)、歐芹末

做法

1 洋蔥和蒜頭切碎，各種菇切成小塊，如有牛肝菇，用熱水泡 15 分鐘後撈出切碎，用咖啡濾紙濾掉泡菇水中可能有的細砂，倒進高湯中加熱，讓它保持微滾。

2 炒鍋中加一點橄欖油，炒鮮菇和泡軟的牛肝菇，把菇炒軟，備用。

3 另一寬口煮鍋中加橄欖油和一小塊牛油，待牛油融化，加洋蔥和蒜末，小火炒香。

4 加進白米，炒至米粒半透明，用一點白葡萄酒嗆鍋，待酒快收乾時，加一杓熱高湯，邊煮米邊攪拌，好讓米粒的澱粉質充分釋放。一看到鍋中湯汁快乾時就再加一杓熱湯，如是約 15 分鐘後，加進炒過的蕈菇。

5 繼續邊加熱湯邊煮邊攪拌鍋中米飯，約 10 分鐘後，燉飯應已彈牙，撒鹽和胡椒調味，加進現磨乾酪粉，喜歡滋味更香濃的話，可再加一塊牛油或鮮奶油拌一下。盛起，撒點歐芹增色添香。

6 不妨再多刨一點乾酪，置於小碗中放在餐桌上，讓各人視口味各自取用。

暗黑燉飯

材料

墨魚一條（洗淨，墨汁囊需留用）、義大利米一量米杯、橄欖油、小的洋蔥半顆、蒜頭一瓣、濃縮番茄糊半大匙或一顆牛番茄（去皮去籽切碎）、不甜的白葡萄酒約半量米杯、熱的蔬菜高湯或魚高湯（至少半公升，有時需要更多）、鹽和胡椒、牛油一小塊、歐芹末、橄欖油

做法

1 墨魚鬚切小塊，魚身三分之一切花後切成塊，其他切成絲。洋蔥和蒜頭切末，備用。
2 用橄欖油小火炒香洋蔥和蒜末，加進墨魚鬚和墨魚絲（留下切花的墨魚備用），淋入白酒，煮至汁快收乾時擠出墨汁下鍋攪拌。
3 白米和番茄糊（或番茄丁）下鍋稍拌炒，加進一杓熱高湯，邊煮米邊攪拌，好讓米粒的澱粉質充分釋放。一看到鍋中湯汁快乾時就再加一杓熱湯，如是約 20 分鐘。
4 另起一鍋，用橄欖油油炒前面留用的墨魚花，炒至變色，撒一點鹽調味，盛起備用。
5 在燉飯鍋中加鹽和胡椒，嚐嚐熟度，決定是否要加湯再煮一會兒，並調整鹹淡。如果無需再煮，扔進一小塊牛油和少許歐芹末攪拌一下，把燉飯盛至深盤中，上面鋪幾塊炒好的墨魚花和一點歐芹末，端上桌。

小提醒。

我們吃這道燉飯，要吃的是它的海味，因此請別加乾酪，那樣就嚐不出墨魚墨汁的鮮味了。
又，燉飯用台灣市面上較易買到的 arborio 或 carnaroli 米效果較好，實在買不到，或基於各種理由想用本地白米，也可以改用一般的　米。不過，由於做燉飯的米不能淘洗，建議用不怕有農藥殘留的有機米或友善種植的稻米。

十一月 吃蘿蔔的好日子

到大賣場採買日用品，經過蔬果部門，看見有一攤邊上圍著特別多的人，按捺不住好奇心，湊過去一瞧，喲，本島產的白玉蘿蔔大特價，不管個頭大小，一律一個價。

我內在的「大嬸魂」瞬間爆發，也跟著聚精會神，在成堆的蘿蔔中挑挑揀揀，並不選大的，而專挑鬚根少且拿在手裡沉甸甸者，這表示蘿蔔水分足，質地也比較扎實。接著，我一手抓著蘿蔔頭，圈起另一手的食指和拇指，輕輕彈了蘿蔔身兩下，聲音不空洞，厚實而清脆。這一條應當不是空心大蘿蔔，就它了。

也不過不很久以前，早秋時分，有一天我嘴饞，特別想吃蘿蔔，就直奔菜場，打算買條好蘿蔔燉豬肉；先前因天氣較熱，蘿蔔品質欠佳，我有好一陣子沒燒蘿蔔。到了熟悉的菜攤前，卻見仍只有進口的蘿蔔，想是冷藏多時的存貨。菜販做生意實在，我一問，他便坦白對我這熟客說：「這還是夏季蘿蔔，想吃好蘿蔔，請再等等，等天更涼了才好吃。」

這會兒，落在十一月七至八日的立冬節氣已在眼前，再過半個月就是小雪，總算給我盼到吃蘿蔔的好日子，怎能不把握機會，多買兩條解饞？

一到冬天，我就愛吃蘿蔔。秋冬當令的蘿蔔特別美味，熟食甘甜，生食清脆如梨。看前人文章說，昔日北京小販愛吆喝「蘿蔔賽梨，辣了換」，他們叫賣的是在台灣市場上少見的水蘿蔔和心裡美。我仍客居荷蘭時，每逢天寒地凍的冬季，吃膩了胡蘿蔔、抱子甘藍等水分不多的冬季蔬菜，就去有機店買一把還帶著葉的水蘿蔔。這種蘿蔔外皮酡紅內裡白，加上個頭小如櫻桃，故又稱櫻桃蘿蔔。我將一顆顆從莖葉上揪下，沖洗兩下便直接入口，當水果吃，清脆多汁，一點也不辣，誠然賽梨。

不過，我最常吃也更愛吃的，還是白蘿蔔。在台灣和潮汕一帶，白蘿蔔又名「菜頭」，音似「采頭」，民間有個習俗，喜歡給白蘿蔔綁條紅緞帶，藉以討個「好采頭」，祈求好運。我呢，不來這一套；白蘿蔔買回家，吃都來不及，怎麼可能「供」在家中當吉祥物？

白蘿蔔做法千變萬化，可燉、可炒、可燴、可涼拌、可煮湯、可當餡料，曬乾了還可做成「菜脯」，也就是蘿蔔乾。

我們一家人都愛吃蘿蔔，家父生前有樣拿手菜，就是蘿蔔鯽魚湯。鯽魚先用油煎黃，下蔥薑和蘿蔔絲，加冷水，文火煨煮到湯色乳白，起鍋前撒一點白胡椒和一小撮香菜，滋味又鮮又香，我這會兒回想起來依然口水直流。先母則嗜食菜脯蛋，也就是蘿蔔乾攤雞蛋，做法大致是將蘿蔔乾切碎加蔥花炒香，拌進蛋汁中，再用多一點的油兩面煎黃，佐粥一流。

對於蘿蔔，我的兩位姊姊也各有其愛，大姊跟我一樣，愛吃各種燉蘿蔔，好比蘿蔔牛腩、蘿蔔豬肉或日本風味的關東煮。至於憨兒二姊，一鍋蘿蔔排骨湯，她一口氣幾可喝上兩麵碗。小弟旅居美國，台北街頭小攤的蘿蔔絲餅和油煎蘿蔔糕，最教他念念不忘。連我的洋

夫婿也有其心頭好，對韓國蘿蔔泡菜情有獨鍾。

更何況，冬天吃蘿蔔，確實能發揮保健的作用，有句民間俗諺不就說「冬吃蘿蔔夏吃薑，不用醫生開藥方」？根據中醫看法，蘿蔔可止咳化痰、除燥生津、清熱解毒、順氣化食，是冬補的蔬食聖品。

尤其是小雪前後，東北季風越來越強，天氣越來越冷，也越來越乾燥，人們爲了保暖，自然就比較愛吃肉食和火鍋之類熱騰騰的菜餚，一不小心吃多了，身體卻容易「上火」，這時不妨吃點蘿蔔清清火。

然而，就像世間所有事物，再怎麼美好，也該適可而止，蘿蔔固然有各種好處，但因生性偏涼，體質本就偏寒的人和胃弱者，不可多食。再者，由於蘿蔔「化氣」，在服用像人參等有「補氣」效用的溫補藥材期間，也不適合吃。

十二月 圓滿過冬至

難得晴朗的午後，太陽低懸城市上空，斜照的陽光把身裹冬衣的行人影子都拉長了。轉角的甜品店早已不再供應消暑的刨冰，改賣起各色甜湯，熱氣氤氳，讓人看了打從心底暖和起來。我行經店門口，瞥見手繪的海報，瀟灑的大字宣告著「湯圓上市，歡迎外賣，訂購請早」，於是發覺，轉眼又是冬至了。

按照台灣習俗，冬至這一天，家家戶戶都要吃湯圓。老一輩相信，冬至不食湯圓，這一年不算「圓滿」。記得兒時，阿嬤每到冬至便會動手搓湯圓；湯圓不包餡，個頭小如玻璃彈珠，閩南語稱之爲「圓仔」，冬至吃的圓仔一半須用色素染紅。當天夜裡，一家人圍在桌旁，人人都得吃碗紅糖薑湯圓仔，且不准光挑紅的或白的圓仔吃。阿嬤說，必須紅白兩色都吃了，未來一年才會平安順利。

記得我總是默不作聲地吃著甜滋滋的圓仔湯，一邊想著，阿嬤明明是基督徒，怎麼還有這種迷信觀念，不過吃個湯圓而已，跟一年的運氣有什麼關聯？儘管心裡這麼嘀咕著，還是吃得津津有味。自家熬的薑湯辛香不嗆，甜而不膩，圓仔也軟糯卻不黏牙，誠然料正味美，我無論如何都得吃上一大碗才對得起自己。

一直到這些年，因爲對傳統的二十四節氣與飲食的關係產生興趣，小小研究一番才得知，原來在冬至食湯圓的不只台灣人，中國南方大部分地區也有這習俗。從而想起來，祖籍江蘇的先父在台

灣度過大半輩子，卻始終吃不慣台菜，可他在冬至這一天，也欣然食圓仔或芝麻湯圓當早點，只不過碗中盛的並非薑湯，而是桂花酒釀。

也是看了書才學到，冬至吃湯圓亦有「取圓以達陽氣」的寓意。古時有天地乾坤的觀念，天爲陽，乾也，地爲陰，坤也，民間有「冬至一陽生」的說法，相信陰氣在冬至這一天達到極致，接著下來陽氣漸漸回升，而人們爲使陽氣回復，就以圓的象徵來「迎陽」。

至於中國北方，聽說冬至並不吃湯圓，而吃餃子或餛飩。

這想來也不奇怪，昔時華北產麥不種米，哪有辦法張羅那麼多米來捏製湯圓？而南方種米遠多於植麥，以米爲主食，自然就不包餛飩和餃子。餛飩音如「混沌」，冬至正是陰陽交接、宇宙混沌之時，食餛飩的風俗一如吃湯圓，也是爲了迎接陽氣。吃餃子呢，民間的說法是爲了「安耳朵」，因爲餃子形如耳，華北冬季酷寒，冬至吃了餃子，就不怕凍耳朵。

這些習俗聽在相信科學和理性的一部分現代人耳裡，或是無稽之談，然而不能否認的是，它們體現了傳統的庶民文化和民間智慧。古時農業社會，冬至時天寒地凍，無農事須做，大夥比較有閒情過過小日子，且把冬至當成小過年，設上酒宴，吃點應景食品，培養好心情，也給身體積聚能量，待冬去春來，又得努力幹活。

而不論是阿嬤的薑湯圓仔，還是父親的桂花酒釀湯圓，除了有年節寓意外，亦有養生的考慮。即便地處亞熱帶的台北，冬至時天氣往往也變冷了，若不小心保暖，很容易著涼，薑和酒釀恰好都能促進血液循環，讓身體變暖，糯米製的湯圓又能補充人體因天寒消耗的熱量。小小一碗湯圓既能禦寒又可補身，冬至吃上一碗，圓滿又養生。

一月 寒冬裡的米糕糜

中秋過後欒樹開花，撐起一樹金傘的景象猶在眼前，怎麼轉眼一年已到盡頭，又將是臘梅冷香襲人的季節？冬寒時分，即便是亞熱帶的島嶼，偶爾也會出現個位數的低溫。乍聽之下，這氣溫也沒什麼了不得，說到底，不過一兩年前，我和丈夫還住在荷蘭，零下溫度是常事，台北再冷，總還有七、八度，小意思而已。

然而不是我這個台灣查某，卻是約柏這位荷蘭老兄，不時抱怨台北天氣冷得教人受不了。我仔細想想也不難理解，盆地濕度高，冬季又多雨，入夜以後走在街頭，彷彿置身冰水池中，感覺上真比乾冷的歐洲來得更凍，無怪乎民間有句俗語說：「大寒小寒，無風水也寒。」

爲了表示我是賢妻，每逢氣象預報冷鋒要過境了，我便用圓糯米熬一鍋「米糕糜」給咱倆禦寒。一天當中不論何時，只要肚子餓了、身子冷了，趁熱來上一碗，渾身暖和。這是我從小吃到大的冬季食品。出身府城台南的阿嬤還在世時，每年一到農曆臘月，節氣落在大寒前後，常會煮上一大鍋，給我們當午後點心或宵夜。

米糕糜中的「米糕」雖曰糕，然嚴格來講，並不是用米做成的糕餅，而是桂圓米糕的簡稱。這是一種加米酒、桂圓和糖蒸煮的甜糯米飯，爲台灣南部常見的補品，熱食最香，冷了切成小塊（這時就比較像「糕」了），當成解饞的點心亦可口。至於米糕糜，顧名思義就是多加水煮的桂圓糯米稀飯，比乾米糕更易入口，做法也更簡單。

糯米兌上約莫七倍的清水，開大火煮滾後轉小火，想起來就去攪拌一下，以免米粒黏在鍋底。等煮到米變軟，約九成熟了，就可以添桂圓乾，落冰糖或砂糖，再煮二、三十分鐘，讓原本乾癟且黏成一團的黑褐色桂圓吸水膨脹，淡化成黃褐色，並恢復圓滾滾的模樣。這時粥應已入味，可以吃了，淋上米酒或撒點花生粉，更香。

我一直以爲冬令以米糕或米糕糜進補，是台灣獨有的風俗，後來和來自大江南北的華人朋友聊起來才知道，在一年當中最嚴寒的季節吃糯米食品驅寒的，並不光只有台灣人而已，不少地方亦有這食俗，其中更蘊含著科學和養生的道理。

按照營養專家的說法，這是因爲糯米的糖分高於白米，吃了以後可產生更多熱量，有助於保暖。中醫也認爲，糯米有補虛、補血的作用，還可健脾、溫養胃氣，最適合冬季食用。

祖籍江蘇的父親還在世時，嗜食甜品，尤其愛吃剛出蒸籠、熱呼呼又甜滋滋的糯米八寶飯，不過他吃得很有節制，多半吃一小碗即止，有時頂多再添個兩三湯匙，並不多食。而且，在我的記憶中，總要到人在室一張口哈氣便成白煙的寒冬，這道甜品才會出現在我家餐桌上，炎熱的夏天絕對看不到。父親從小就是公子哥兒，一生不愛運動，又特別愛吃美食，中年以後身材發福自是難免，可他仍活到近九十歲的高壽。這會兒想想，這和他生性開朗，且講究飲食須合時，應該脫離不了關係吧。

寒風自西伯利亞南下襲向島嶼的夜晚，我和丈夫對坐暈黃的燈光下，一人一碗米糕糜，小口小口地啜著，切實感受到那踏實的溫暖。

後記

從我開始寫作以來，已出版十幾本書，沒有哪一回出書的過程比這一回更加「一波三折」。

初動筆的前那一陣子，因爲工作和家庭不時出點小狀況，書寫過程斷斷續續，幸好尚可維持一定的「產能」，到了離原定截稿日期僅存一個月時，卻發生令人措手不及的憾事—家姊良露發覺罹癌，沒多久便離開人世。姊姊正值英年，生命力向來旺盛，創造力也仍在高峰，卻走得如此匆匆。這一切太不眞實，偏偏是無法逆轉的現實，我哀慟得無法提筆再寫。

辦完後事，我隨著丈夫回歐洲探望高齡的婆婆兼「散心」，一個月多後重返台北家中，重新過起普通的生活：買菜燒飯、上網、整理舊稿、看書、看電影、聽音樂、散步，偶爾和親友相約聚餐。日子總得過下去，不是嗎？

儘管心頭不時仍浮現故人身影，偶爾暗自感嘆姊姊竟再也看不到枝頭春花正燦、吹不到秋夜的習習涼風、嚐不到初夏多汁的玉荷包與仲秋清香的文旦，然而或許正是突如其來的離散，讓人更加珍重微瑣卻確切的當下，隨著生活漸漸回歸原來的軌道，在這認眞準備一日三餐、規律而平凡的日子裡，我比從前更深刻地感受到，眼前這一幕幕依季節而變換的日常風景有多麼好，當令農漁產的顏色和滋味又有多麼美。人生固然無常，宇宙卻始終按照自然的韻律前進，季節仍也

依時遞變，爲大地妝點不同的面貌，賜予世人豐美的食物。

我覺察到，日常生活其實充滿能量，它藏在我不小心快滑倒時、及時攙扶我一把的陌生人那關懷的眼神中；在雨後初晴的彩虹上；在每一回悉心烹煮的過程和每一口飯菜裡。我們既然活著，何不既順其自然卻也盡其在我，過好我們的每一天，好好地品嚐活著的滋味？只要用心體會日常生活的美好，說不定就能從中汲取到若干與「無常」直面相對的力量，從而得以勇敢地迎向人生的變幻莫測。

於是，我漸漸釋懷，慢慢找回創作書寫的能力。

這會兒，書終於要上市了。一些想法能成爲一本書，從來就不僅僅是作者個人的功勞而已。我得力於「皇冠文化」平瑩女士、平雲先生一向以來的支持，在這裡要謝謝他們。我想謝謝春旭耐心地等我收拾心情；婷婷和懿祥承受我這個拖拖拉拉的作者帶來的時間壓力；更感謝邠如和企劃部門同仁努力行銷，邠如這一回甚至身兼導演兼攝影，爲本書拍攝烹飪視頻。

我也想祝福讀了這本書的每位讀友，願您始終能享有日常的好風景，烹調出四季的美味。

世事無常，唯盼珍惜日常。

國家圖書館出版品預行編目資料

餐桌上的四季 / 韓良憶作 . -- 初版 . -- 臺北市 : 皇冠 , 2015.10
面 ; 公分 . --（皇冠叢書 ; 第 4501 種)(Party ; 78)
ISBN 978-957-33-3187-2(平裝)

1. 飲食　2. 文集

427.07　　104018374

皇冠叢書第 4501 種
PARTY 78

餐桌上的四季

作　　者—韓良憶
發 行 人—平雲
出版發行—皇冠文化出版有限公司
台北市敦化北路 120 巷 50 號
電話◎ 02-27168888
郵撥帳號◎ 15261516 號
皇冠出版社（香港）有限公司
香港上環文咸東街 50 號寶恒商業中心
23 樓 2301-3 室
電話◎ 2529-1778　傳真◎ 2527-0904
總 編 輯—龔橞甄
責任編輯—張懿祥
美術設計—黃鳳君
著作完成日期— 2015 年 7 月
初版一刷日期— 2015 年 10 月

法律顧問—王惠光律師

讀者服務傳真專線◎ 02-27150507
電腦編號◎ 408078
ISBN ◎ 978-957-33-3187-2
Printed in Taiwan
本書定價◎新台幣 350 元 / 港幣 117 元